我的汤品屋

犀文图书 编著

U0339488

天津出版传媒集团

 天津科技翻译出版有限公司

精品

行动起来吧！

START

前 言

PREFACE

汤，是人们餐桌上的常见佐餐佳肴，也是最富营养、最易消化的食物品种之一。人们日常的饮食总离不开功效各异的汤水，无论是香醇的老火靓汤，还是鲜美清淡的生滚汤水，都是餐桌上的一道风景。

汤，是一个代表幸福温暖的词。当拖着疲惫身躯的您回到家，看着亲人把为您做的汤端上桌时，那是多么幸福而温暖，您会不会感到，原来幸福是如此的亲近而平凡。

本书在汤的选择上独具匠心，不管是餐桌上最具人气的经典汤，还是暖暖的家常养生汤或者靓汤，都囊括其中，而且图片精美，文字表述详细又具有亲和力。让您一书在手，便有望成为一位制汤达人，让您感觉拥有了一家汤品屋。

来吧，翻开本书，用各种简单而又丰富的食材进行搭配，花上一些时间，为您和您所爱的家人、朋友，烹制一碗香味浓郁且营养的汤吧。愿这碗汤既能温暖您和您家人、朋友的胃，也能从此温暖您自己的心。

CONTENTS
目录

PART 1
煲汤必备常识

PART 2　餐桌上的最爱
——最具人气的经典汤品

PART 3　爱意浓浓
——一碗暖暖的家常养生汤

PART 1

煲 汤 必备常识

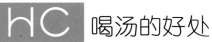

HC 喝汤的好处

  汤是中华美食的一大特色，汤文化也是中华饮食文化的重要组成部分。我国民间曾长期流传着各种"食疗汤"，今人则将其誉为"营养健疗汤"，例如：鲫鱼汤通乳水，墨鱼汤补血，鸽肉汤利于伤口收敛，红糖生姜汤驱寒解表，绿豆汤清凉解暑，萝卜汤消食通气，黑木耳汤明目，银耳汤补阴。我国有一本5000年前撰写的食谱，其中就有"鸽蛋汤"的烹调方法。

  根据古书记载，多喝汤不仅能调节口味、补充体液、增强食欲，而且能防病抗病，甚至美容养颜、延年益寿。总之，喝汤有利于补充人体营养且易被机体所吸收，对健康有益。比如"肉骨头汤"，营养学专家认为：肉骨头以小火煨汤，营养成分损失最少；煨时不停火、不添水，让骨头里的蛋白质、脂肪、胶质等可溶有机物慢慢向外渗出，至汤稠骨头酥软为止。这是一种廉价的营养补品，它能促进儿童发育、对产妇有促进泌乳的作用，而对中老年人则有抗衰老的特效。

  汤的种类很多，大部分食材都可以用来煲汤，且煲汤后能更好地释放其功效。不同的人群，不同体质的人，根据自身情况选用相应的食材，配以些许药材，就能煲出适宜自己的汤，比如儿童增高益智汤、老年人延年益寿汤、女人美容养颜汤等。

  有医学专家指出"喝汤有利于减肥"。在午餐时，喝汤比吃其他营养品要少摄入50千卡热量，假如坚持10个星期每周喝上4次午餐汤，那么，肥胖者的"超重部分"即可平均减少20%左右，故有医生劝告肥胖者把喝汤当作最方便可行的"减肥良方"。

  其实，不只我国人民喜欢喝汤，外国人也讲究喝汤。世界各国人民都有自己钟爱的食疗养生汤，其中，俄罗斯的罗宋汤、泰国的冬阴功汤、法国的奶油蘑菇汤等更是备受欢迎。据说，日本相扑运动员每天在大运动后，便要喝一大碗有牛羊肉之类食料的"什锦汤"，并说他们"发力"的诀窍就在于喝汤。日本产妇分娩后爱喝海藻汤，美国人爱喝番茄汤和咖喱肉片汤，朝鲜人爱喝蛇肉汤，越南人看重燕窝汤，地中海沿岸各国的人民嗜好大蒜汤，巴伐利亚人喜欢豌豆汤等等。

SC 煲汤的常用食材及功效

　　汤是日常饮食中的一部分，在生活质量越来越高的今天，汤扮演着越来越重要的角色，特别是一些养身汤、瘦身汤等，更是备受人们的青睐。不同的人，对汤的喜好和要求不一样，在煲汤时，可根据不同的体质和口味要求选择相应的食材。以下介绍部分煲汤常用的食材及其功效。

肉类

鸡肉：性平、温，味甘，可温中益气、补精添髓。

鸭肉：性寒，味甘、咸，可补充营养、祛除暑热。

鸽肉：性平，味甘、咸，可滋肾益气、祛风解毒、补气虚、益精血、暖腰膝、利小便。

猪瘦肉：性平，味甘、咸，可补虚强身、滋阴润燥、丰肌泽肤。

猪骨：性温，味甘、咸，含有蛋白质、脂肪、维生素、大量磷酸钙、骨胶原、骨粘连蛋白等，有补脾气、润肠胃、生津液、丰机体、泽皮肤、补中益气、养血健骨等功效。

猪肚：性微温，味甘，补虚损、健脾胃。

猪肺：性平，味甘，补肺润燥、补虚、止咳、止血。

猪蹄：性平，味甘、咸，补虚弱、填肾精、健腰膝。

牛肉：性平，味甘，补脾胃、益气血、强筋骨、消水肿。

羊肉：性热，味甘，补肾壮阳、补虚温中。

狗肉：性温，味甘、咸，温补脾胃、补肾助阳、壮力气、补血脉。

水产类

鲫鱼：性平，味甘，健脾、开胃、益气、利水、通乳、除湿。

鲢鱼：性温，味甘，健脾补气、温中暖胃、散热。

黑鱼：性寒，味甘，补脾利水、去瘀生新、清热。

干贝：性平，味甘、咸，益阳补肾。注意：事先浸泡1小时。

蟹：性寒，味咸，清热散血、滋阳。

海参：性温，味甘、咸，滋阳、补血、健脾、润燥。注意：沸水中放葱、姜同海参煮5分钟后，取出备用，海参最多煲1小时。

黄鳝：性温，味甘，补中气、通经脉。

田螺：性寒，味甘、咸，滋阴润燥。注意：螺尾不要，用少许盐搓擦，洗净，入沸水中，加姜片，煮10分钟后取出。

响螺：性寒，味甘、咸，滋阴。注意：切片，浸泡2小时，放入有葱、姜的沸水中，5分钟后，取出洗净。

章鱼：性平，味甘、咸，养血益气。

墨鱼：性平，味咸，滋阳养血、益气。注意：用清水浸泡1小时，放入沸水中，5分钟后，取出洗净，去骨。

海蜇皮：性平，味咸，行瘀化积、开胃润肠。注意：洗去盐，用清水浸20分钟，放入沸水中，5分钟后，取出再洗。

海带：性寒，味咸，软坚化痰、祛湿止痒、清热行水。

海藻：性寒，味苦、咸，清热、清血利尿。

紫菜：性寒，味甘、咸，降胆固醇、清热、补肾养心。

蔬果类

姜：性微温，味辛，去烦止呕。

大蒜：性温，味辛，祛风湿、健脾胃。

香菜：性温，味辛，发汗、消食醒胃、下气、解表生肌、清肝肺。

胡萝卜：性平，味甘，健胃、助消化。

萝卜：性凉，味辛、甘，助消化、化痰。

冬瓜：性凉，味甘、淡，清热消痰、利水消肿。

黄瓜：性凉，味甘，清热、利水。

丝瓜：性凉，味甘，清暑、解渴、健脾。

南瓜：性温，味甘，补中益气。

木瓜：性温，味酸，清肺、补脾、助消化。

金针菇：性凉，味甘、酸，安五脏、补心志、明目。

慈菇：性微寒，味甘、涩，行血。

菠菜：性凉，味甘，利肠胃、消积热。

白菜：性平，味甘，清热利水。

莲藕：性寒，味甘，生食清热、凉血、散瘀；熟食健脾开胃、活血生肌。

番茄：性微寒，味甘、酸，生津止渴、健胃消食、凉血平肝。

豆腐：性凉，味甘、淡，宽中益气、和脾胃、清热散血。

豆芽菜：性凉，味甘，利湿清热。

板栗：性温，味甘，补肾气、强筋骨。

核桃仁：性平，味甘、苦，补肾固精、益脑。

桂圆：性温，味甘，开胃、养血益脾、补心安神。

药材类

陈皮：性温，味辛、苦，调中导滞、顺气消痰、宣通五脏。

田七：性温，味甘、微苦，止血、散瘀。

枸杞子：性平，味甘，益精明目、润肺清肝、滋肾益气。

甜杏仁：性平，味甘，润肺平喘、生津开胃、润大肠。

苦杏仁：性微温，味苦、辛，去痰宁咳、润肠。

黄芪：性微温，味甘，补血、补脾益气、壮筋骨。

西洋参：性凉，味甘、微苦，益血、补脾肺。

党参：性平，味甘，补脾补气、生津益气。

人参：性微温，味甘、微苦，可安神养心、补肺气、补五脏、健脾胃。

何首乌：性微温，味苦、甘涩，促进肠蠕动。

山药：性平，味甘，可充五脏、健脾胃、补虚弱、解消渴、补脾利水。

茯苓：性平，味甘、淡，治疼痛、寒热烦满、咳逆，利小便、利水湿、脾胃。

芡实：性平，味甘、涩，补肾固精、健脾止泻。

川贝：性微寒，味苦、甘，润心肺、清热痰。

百合：性平，味甘、微苦，补肝肺、清热、益脾。

夏枯草：性寒，味苦、辛，清肝热、降血压。

生地：性微寒，味甘、苦，凉血解毒、利尿。

罗汉果：性凉，味甘，清肺润肠。

白果：性平，味甘、苦、涩，益肺气。

无花果：性平，味甘，润肺清咽、健胃清肠。

当归：性温，味甘、辛、微苦，补气活血、调经止痛。

天麻：性平，味甘、辛，祛风、定惊。

冬虫夏草：性温，味甘，补损虚、益精气、化痰。

莲子：性平，味甘涩，补脾止泻、益肾涩清、养心安神。

汤的调料搭配原则

　　煲汤可使用的调料很多，各种调料有不同的风味，相宜则"料"半功倍，相克则不但味道混淆不明，口感也无从谈及独特、鲜美，而且可能导致营养流失，甚至对身体有害。所以，煲汤时，要"因汤而异"地使用调料，切忌调料胡乱搭配。

1. 咸鲜味汤品：鲜酱油、料酒、鸡精、盐依次放入。
2. 鲜辣味汤品：葱末、虾油、辣酱、盐依次放入。
3. 酸辣味汤品：醋、红辣椒、胡椒粉、盐、香油、葱、姜依次放入。
4. 香辣味汤品：辣豆瓣酱、蒜蓉、葱末、姜末、酱油、盐、糖、味精依次放入。
5. 五香味汤品：大料、桂皮、小茴香、花椒、盐、葱、姜依次放入。
6. 咖喱味汤品：姜黄粉、香菜、肉豆蔻、辣椒、丁香、月桂叶、姜末、盐、料酒依次放入。
7. 甜酸味汤品：番茄酱、白糖、醋、柠檬汁、盐、料酒、葱、姜依次加入。
8. 葱椒味汤品：洋葱、大葱、红辣椒末、盐、鸡精、料酒、香油依次加入。
9. 麻辣味汤品：麻椒、干辣椒、辣酱、熟芝麻、料酒、盐、味精依次加入。
10. 酱香味汤品：豆豉、盐、鸡精、葱油、姜末、蒜末、黑胡椒依次放入。

ZF 高汤的做法

煲汤的一个关键点是：汤底。掌握各种汤底的制作方法，在煲汤时灵活运用，是煲好一锅汤的基础。

1. 猪骨高汤：将猪骨、棒骨、脊骨洗净，斩大块，放入沸水锅中汆去血渍，捞出后，再放入加有沸水的锅中，加葱段、姜块，小火煲煮3~4个小时。猪骨高汤可以用来煲制各式汤品，还可以作为基础汤来调味。

2. 鸡高汤：将鸡架子骨洗净，放入沸水锅中汆透，再放入汤锅中，加入适量清水煮沸，转小火熬煮2小时，再加几块姜提味去腥，继续煮到汤浓味香，撇去浮沫即可。鸡高汤可用来做荤素汤，还可在其他汤里作为提鲜汤头。

3. 牛骨高汤：将牛骨洗净，斩大块，放入沸水锅中汆去血渍，捞出，再放入沸水锅中，加葱段、姜块，大火煮沸，转小火煲煮4~5个小时，至汤汁乳白浓稠即可。牛骨高汤可以用来煲制各种荤素汤。还可以根据汤的需要，用牛腱肉或牛杂加陈皮、姜片熬煮成牛肉清汤替代牛骨高汤。

4. 熏骨高汤：将小牛骨洗净，剔除多余的油脂，斩断，放入烤箱烤到呈褐色，放入沸水锅中，加香叶、百里香、丁香、陈皮煮沸后，转小火煲煮3~4个小时，撇去浮沫，用纱布过滤即可。熏骨高汤可以用来煲制各式汤，具有独特的熏骨的焦香味。

5. 肉骨香汤：将肉骨洗净，剔除多余的脂肪，放入沸水锅中汆烫去血味，捞出后，再放入加有开水的汤锅中煮2个小时，加入丁香、肉桂、百里香、陈皮煮到入味。肉骨香汤可以用来煲制各式荤素汤，具有淡淡的香料味和肉骨的浓香味。

6. 什锦果蔬高汤：按个人喜好将数种蔬菜、水果放入果汁机中，加适量清水，搅打成汁，再回锅煮沸即可。由于什锦果蔬高汤色彩变化多样，各种蔬菜、水果的配比不同，既营养又能勾起食欲，可作海鲜、果蔬的汆煮调理汤。

7. 蘑菇高汤：将松茸、虫草、羊肚菌、牛肝菌的干品分别用温水冲洗，泡软，用纱布包扎好，放入汤锅中，加清水，大火煮沸后转小火煲煮2~3个小时即可。蘑菇高汤可以用来做荤、素汤，作为汤底，菌味鲜香浓郁，一般无需其他的调味品来调味。

8. 香菇高汤：干香菇用清水冲洗，泡软，去蒂，洗净，再用清水浸泡50分钟，用纱布过滤清水即可；或者放入汤锅中，加清水，大火煮沸。香菇高汤主要用在汤品中提味增色，一般不单独使用，而是加入辅料调味品进行调味。

9. 柴鱼高汤：将海带洗净，放入加了水的汤锅中浸泡20分钟，中火煮沸，转小火，再放入柴鱼片煮沸，撇去浮沫，离火，滤出清汤即可。柴鱼高汤是日式料理的基本调味汤底，应用广泛，可用于各种汤。

PART 2

餐桌上的最爱

最具人气的 经 典 汤品

腐竹白果猪肚炖老鸡

准备材料

　　腐竹 100 克，白果 80 克，猪展 500 克，猪肚 500 克，老鸡 500 克，姜 20 克，鸡精 3 克，盐、醋各适量。

经典分享

这是一款在广东十分有名的养胃汤。在准备材料时，清洗猪肚的过程中可加点盐和醋，因为通过盐和醋的作用，可以把猪肚中的脏气味除去，还可以去掉表皮的黏液，从而达到清除污物和去异味的作用。

制作过程

1 猪肚用盐、醋洗净，切片，猪展切件，老鸡剖好，斩件，姜去皮，腐竹、白果洗净。

2 砂锅烧水，待水沸时，放入老鸡、猪肚、猪展汆去血渍。

3 取砂锅，加入老鸡、猪展、猪肚、腐竹、白果、姜，加入清水，大火煲开后，改小火煲2小时，调入盐、鸡精即可食用。

淡菜瘦肉煲乌鸡

准备材料

乌鸡 300 克，猪瘦肉 100 克，淡菜 20 克，枸杞子 5 克，姜 10 克，葱 10 克，盐 5 克，鸡精 3 克。

与一般鸡肉相比，乌鸡有10种氨基酸，其蛋白质、维生素B$_2$、烟酸、维生素E、磷、铁、钾、钠的含量更高，而胆固醇和脂肪含量则很少，被人们称为是"黑了心的宝贝"。本款乌鸡汤加了淡菜和瘦肉，可健脾养血，补腰肾，较适合在春季食用。

制作过程

① 乌鸡斩块；猪瘦肉切块；淡菜洗净；姜去皮，切片；葱切段。

② 锅内烧水，待水开后，投入乌鸡、猪瘦肉，汆去血渍，捞起待用。

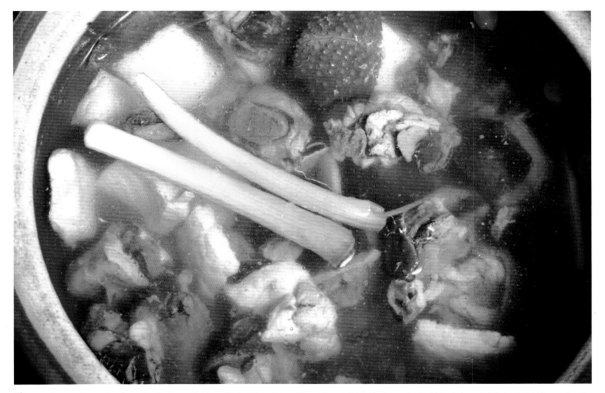

③ 取砂锅，加入乌鸡、猪瘦肉、淡菜、枸杞子、姜、葱，注入适量清水，大火煲开后，改用小火煲约2小时，调入盐、鸡精即可食用。

L 莲藕瘦肉汤

准备材料

莲藕500克，猪瘦肉500克，鱿鱼100克，绿豆50克，猪脊骨500克，生姜10克，鸡精5克，盐适量。

经典分享

　　这道汤口感清甜，既有莲藕的清香、绿豆的清爽，又有肉的浓香。制作时，注意莲藕切好后，用开水烫下，这样炖出来的汤水就不会发黑了，绝对是原汁原味原色！

✄ 制作过程

1 猪瘦肉、鱿鱼分别切块；莲藕切块；猪脊骨斩块；生姜去皮。

2 锅烧水，待水开时，放入猪脊骨、猪瘦肉氽去血渍。

3 取砂锅，放入猪脊骨、猪瘦肉、莲藕、鱿鱼、绿豆、生姜，加入清水，大火煲开后，改用小火煲2小时，调入盐、鸡精即可食用。

T 通草芦根煲猪蹄

准备材料

通草10克，芦根5克，猪蹄500克，猪瘦肉100克，花生仁、眉豆各10克，生姜片、盐、鸡精各适量。

　　本汤汤清味浓，是广东的经典汤品之一。通草和芦根都味甘而淡，性寒，通草主要功效为清热利尿、通气下乳；猪蹄味甘咸，性平。三者合炖，除可通利小便外，更适合用于产后断乳、缺乳及产后身体虚弱时饮用。

制作过程

❶ 将通草、芦根、花生仁、眉豆分别洗净。猪蹄刮洗干净，剖开，斩件；猪瘦肉洗净，切块。

❷ 锅内烧水，水开后，放入猪蹄、猪瘦肉汆去表面血迹，再捞出洗净。

❸ 将全部材料一起放入砂锅内，加入清水适量，大火煲开后，改用小火煲 3 小时，捞去药渣，调味即可食用。

X 香菜豆腐鱼头汤

准备材料

草鱼头500克，香菜15克，豆豉30克，葱白30克，豆腐5块，盐、鸡精各适量。

经典分享

奶白色的鱼头豆腐汤，味道十分的鲜美，汤色和口感真是细滑好喝，而且营养丰富，加香菜更加增加了清香味，好吃又好喝。煎鱼头和豆腐的时候，要用小火慢慢地煎，这样煎出来的鱼头和豆腐就能保持完整性，煲汤的时候就不那么容易碎了。

制作过程

1 香菜、葱白洗净，切碎；豆腐、草鱼头洗净。

2 草鱼头、豆腐分别下油锅煎香。

3 草鱼头、豆腐与豆豉一起放入砂锅内，加清水适量，小火煲30分钟，再放入香菜、葱白，煮沸片刻，调味，趁热食用。

.17.

R 乳鸽肉甲鱼汤

准备材料

乳鸽肉500克，甲鱼1只，猪展50克，葱5克，枸杞子5克，红枣10克，盐5克，鸡精适量。

古话说"一鸽胜九鸡"，鸽子的营养价值极高，既是名贵的美味佳肴，又是高级滋补佳品。本汤汤鲜味美，既营养又好喝，还有助于改善女性皮肤干燥、面色暗晦、口干舌燥、腰膝酸软、大便干燥等症状。

✂ 制作过程

① 乳鸽肉洗净；甲鱼切块，洗净；猪展切块。枸杞子、红枣洗净；葱切段。姜洗净，切片。

② 锅内烧水至水开后，放入甲鱼、乳鸽肉、猪展肉汆去血渍，捞出，洗净。

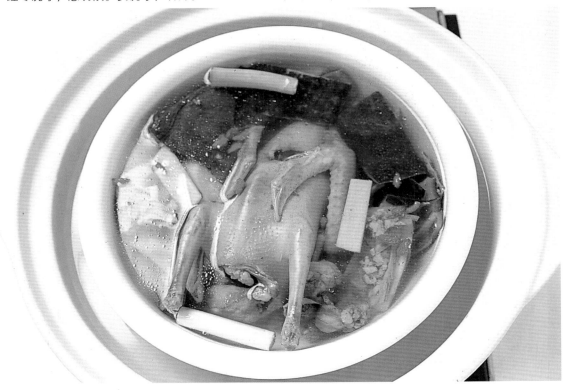

③ 将甲鱼、乳鸽肉、猪展、枸杞子、红枣、姜、葱放入炖盅，加入适量清水，炖 2.5 小时，调入盐、鸡精即可食用。

本汤含丰富的蛋白质、铁及B族维生素，怀孕早期食用有助于预防怀孕期间贫血的发生。山药健脾补肺、固肾益精；乳鸽滋肝肾、填精补髓，两者配合，适合怀孕前后体虚者。

L 莲子怀山煲乳鸽

准备材料

怀山药50克，莲子20克，乳鸽300克，猪瘦肉200克，猪脊骨400克，荔枝干、蜜枣、陈皮、姜各适量。

制作过程

1. 乳鸽宰净，连同猪瘦肉、猪脊骨置沸水中稍汆烫，汆去血渍。

2. 其他材料洗净。

3. 砂锅内加入适量清水，水开后，将所有材料放入，大火煲开后，转小火煲1.5小时，再转大火煲30~45分钟即可食用。

这款汤虽然很家常，但深受人们的喜爱。汤汁清淡可口，营养丰富，既有蛋白质和碳水化合物，又有丰富的维生素。

H 胡萝卜玉米排骨汤

准备材料

排骨250克，玉米1根，胡萝卜1个，盐适量。

制作过程

1 排骨煮出血沫，用冷水冲洗干净备用。

2 玉米切小段，胡萝卜切成滚刀块。

3 把排骨、玉米、胡萝卜一起放入炖锅中，加适量水，大火煮沸，改用小火炖1小时，加盐调味即可。

枸杞叶猪肝汤属生滚汤类，与广东传统的老火例汤不同，它不需要像老火例汤一样煲制那么长的时间，一般10分钟就可以搞定，虽然时间短、速度快，但味道却不失鲜甜哦。并且汤品里面的枸杞明目，猪肝护眼。无论是学生或是电脑族，喝这道汤都非常适宜。

枸杞叶猪肝汤

准备材料

猪肝200克，枸杞叶150克，枸杞子10克，生姜片、盐、淀粉各适量。

制作过程

1. 猪肝洗净，切片，用淀粉调匀；枸杞子、叶洗净。
2. 锅内加适量清水，煮沸，放入猪肝片、枸杞子、生姜片，煮约2分钟。
3. 放入枸杞叶，煮沸，调入味即可。

经典分享

此汤肉鲜菜嫩，咸香爽口，四季皆宜。要注意的是，如果想味道鲜美，肉馅最好不要买现成的，否则味道会差一些；丸子不要做得太大，否则不容易熟。

B白菜丸子汤

准备材料

小白菜500克，猪肉100克，细粉丝50克，鸡蛋清50毫升，料酒、葱末、生姜、高汤、胡椒粉、盐各适量。

制作过程

1. 小白菜洗净，切开；猪肉剁成肉馅。
2. 在肉馅中加葱末、料酒、生姜、鸡蛋清、盐，做成肉丸。
3. 锅里加高汤，下肉丸和小白菜、细粉丝煮沸，见细粉丝变软，放盐、胡椒粉即可。

经典分享

此汤是清火润肺的广东老火汤，因霸王花具有清心润肺、清暑解热、除痰止咳的作用，在广东的夏天，尤其受欢迎，并有着"霸王花，霸气横生，暑气顿消"一说。制作本汤时，注意要把霸王花的花心抽取掉，因为花心是不能食用的哦。

霸王花猪骨汤

准备材料

霸王花50克，猪脊骨500克，蜜枣、盐各适量。

制作过程

1. 先将霸王花用水浸泡15分钟，泡软后，洗净备用。
2. 猪脊骨剁成块，用沸水汆一下，捞出沥水备用。
3. 锅内添适量清水煮沸，放入猪脊骨、霸王花、蜜枣。
4. 大火煮沸后，转小火煲2小时左右。
5. 放盐调味即可。

经典分享

本汤咸鲜酸辣，清爽可口，风味颇佳，能调剂胃口，解腻醒酒，和味提鲜。豆腐吃来细嫩爽滑，和着香菇、肉，一口喝下，汤中滋味，细品个遍，绝对是钟情酸辣汤的您的最爱。

酸辣豆腐汤

准备材料

豆腐2块，香菇100克，猪里脊肉100克，冬笋50克，生姜、葱、盐、醋、鸡精、胡椒粉、食用油、香菜各适量。

制作过程

1. 将豆腐切块；猪里脊肉切丝；香菇、冬笋、葱、生姜洗净，切成丝；香菜洗净，切末。

2. 锅里加水煮沸，放豆腐、香菇丝、冬笋丝、猪里脊肉丝焯一下，捞出放入盘中。

3. 锅里放盐、鸡精、醋、胡椒粉煮沸，放入焯过的香菇丝、豆腐丝、冬笋丝、猪里脊肉丝，然后，勾薄芡，撒上葱丝、生姜丝、香菜末即可。

经典分享

十全汤的来历，源自宋代宫廷太医的养生御膳，是药与料理的结合，不失菜肴的美味，还有药的功效。本汤经细火慢炖，肉烂汤鲜，可饮汤食肉。本汤既是一款咸鲜味浓的汤菜，也是一款极富滋补的药膳。

十全羊肉汤

制作过程

1. 羊肉洗净，切块，氽水捞出，洗去血沫沥干。

2. 西洋菜择好，洗净，沥干水分备用；药料洗净备用。

3. 锅内倒入清汤，放入药料、羊肉块、葱段、生姜片、料酒大火煮沸，转小火煲3小时。

4. 放入西洋菜煮2分钟，加盐、味精调味即可。

准备材料

羊肉500克，西洋菜200克，当归、白芍、党参各6克，川芎、熟地黄、茯苓、白术、甘草各3克，葱段、生姜片、料酒、盐、味精、清汤各适量。

经典分享

羊肉肉质细嫩，容易消化，高蛋白、低脂肪、含磷脂多，较猪肉和牛肉的脂肪含量都要少，胆固醇含量也少，是冬季防寒温补的美味之一。本汤含丰富蛋白质、铁质和锌，加上羊肉性温，是冬令进补的大好佳肴。

G 桂圆萝卜煲羊肉

准备材料

桂圆25克，白萝卜1个，羊肉750克，生姜4片，葱花、盐各适量。

制作过程

1. 羊肉斩件，汆水备用；桂圆洗净。

2. 白萝卜去皮，去蒂，切块。把生姜4片刮皮，备用。

3. 瓦煲内加入适量清水，先用大火煲至水沸，然后，加入全部材料，用中火煲3小时左右，放盐调味即可。

经典分享

民间有"鲤鱼吃肉，王八喝汤"的说法，意思是吃鲤鱼目的在于食其肉，而吃甲鱼（俗名"王八"）目的则在于喝汤，因为甲鱼营养全面，最适宜于做汤喝，这样更能起到大补的作用。本汤属于闽菜，汤品鲜香异常，营养丰富，是食补良品。

$\mathcal{J}$ 甲鱼汤

准备材料

活甲鱼1只，鸡肉500克，清汤1000毫升，料酒、葱、酱油、生姜、蒜、食用油、盐各适量。

制作过程

1. 甲鱼去头，放血，放锅内氽水后捞出，揭下硬盖，去内脏、脚爪、剁成小块。

2. 鸡肉洗净，切块；葱、生姜、蒜切末。

3. 热锅放食用油，用葱末、生姜末、蒜末炝锅，将甲鱼块、鸡块、酱油放入稍炒，倒清汤、料酒，大火煮沸，撇去浮沫，小火炖2小时，放盐即可。

经典分享

鲫鱼俗称鲫瓜子，肉味鲜美，肉质细嫩，可做粥、做汤、做菜、做小吃等，尤其适于做汤。鲫鱼汤不但味香汤鲜，而且具有较强的滋补作用，非常适合中老年人和病后虚弱者食用，也特别适合产妇食用。

宋公明汤

准备材料

鲫鱼1条，豆腐1块，柠檬1个，盐、食用油各适量。

🌿 制作过程

1. 鲫鱼处理好洗净，然后，放入油锅煎香。

2. 小火煎至两面都是金黄色时，加入豆腐再略煎3分钟。

3. 加水煮沸，放柠檬、盐调味即可。

经典分享

鹌鹑肉的营养价值很高，其蛋白质的含量远远高于其他肉类，而且胆固醇含量很少，被誉为"动物人参"。本汤以鹌鹑为主料，花生、赤豆为辅料，可补血美容、益精温肾、滑肠润燥。

花生赤豆鹌鹑汤

准备材料

花生60克，赤豆50克，鹌鹑2只，红枣6枚，蜜枣3枚，盐适量。

制作过程

1. 将赤豆、花生、蜜枣分别洗净。
2. 鹌鹑去毛、内脏，洗净，氽水。
3. 将所有材料放入锅中，加水，大火煮沸后，改用小火炖2小时，加盐调味即可。

在寒冷的冬天，那些经常手脚冰冷的女性朋友来一碗热气腾腾的此汤，全身马上觉得暖烘烘的，因为此汤非常适合冬天经常手脚冰冷的女性，其具有补益气血、强身健脑、丰肌泽肤等功效。

G桂圆鹌鹑蛋汤

准备材料

桂圆8颗，熟鹌鹑蛋2个，干无花果2粒，枸杞子8粒。

制作过程

1. 将桂圆、干无花果、枸杞子分别洗净，连同鹌鹑蛋装入炖盅里。

2. 炖盅倒水约八分满，上笼蒸30分钟即可。

经典分享

羹是人们喜爱的一种食品。相传远在尧舜时代，我国就已经有羹了。本汤羹是蛇馔系列著名菜品之一，尤其是在蛇餐馆由来已久的广州，人们首先想到的就是蛇羹。本款八珍蛇羹汤色透明光亮，蛇肉鲜美可口滑润，祛风除湿，是秋冬应时滋补的珍品。

B 八珍蛇羹

准备材料

净蛇肉75克，熟鸡肉、笋、水发海参各25克，黑木耳、水发香菇、青椒各15克，陈皮、生姜丝、料酒、盐、胡椒粉、香油、淀粉各适量。

制作过程

1. 黑木耳浸透，同水发香菇分别切丝；青椒、熟鸡肉、笋、水发海参切丝。

2. 蛇肉洗净入沸水，加料酒煮沸，转小火煮45分钟，切细丝。

3. 在煮蛇肉鲜汤中，放所有材料煮沸，勾芡，淋香油，加盐即可。

本汤酸辣可口，非常刺激人的味蕾，让人光看名称就已经有点流口水了。当汤端到面前时，那股酸辣味，没喝却绝对的要咽口水啦！相信在食欲不好的时候来上一碗，一定可以让您的胃口大开。

S 酸辣鳝丝汤

准备材料

黄鳝100克，猪瘦肉50克，青椒、番茄各1个，鸡汤、葱、生姜、香菜、胡椒粉、醋、料酒、盐、食用油各适量。

制作过程

1. 黄鳝切丝；猪瘦肉切丝；青椒洗净，切丝；番茄洗净，切薄片。
2. 热锅下油，放鳝丝、猪瘦肉丝煸炒至松散，放料酒和醋，加鸡汤，下葱、生姜煮15分钟。
3. 加盐、胡椒粉，撒香菜即可。

经典分享

　　本汤口味咸鲜，尤其适合在春夏食用。当某天不想吃饭的晚上，煮一锅这样的杂锦汤，既开胃，又营养美味。汤里面的杂锦材料，可根据自己的喜好放，如喜欢吃蚬贝的，就可以多放点蚬贝，少放点鲜虾，汤汁一样鲜美哦。

Z 杂锦汤

准备材料

　　西蓝花200克，鲜虾100克，蚬贝100克，香菇50克，红辣椒、盐、香油各适量。

制作过程

1. 西蓝花洗净，切片；鲜虾去壳；香菇浸泡，洗净，去蒂；蚬贝浸泡；红辣椒洗净，切片。

2. 热锅加水煮沸，下西蓝花、香菇煮沸，倒入鲜虾、蚬贝和红辣椒煮沸。

3. 加盐，淋香油调味即可。

经典分享

本款汤制作非常简单，即使是零厨艺的菜鸟也能完成。汤色白，味清而鲜，不仅适合大人，宝宝食用也非常不错。因为金针菇营养价值较高，含有18种氨基酸、糖、脂肪、蛋白质、多种维生素和矿物质，特别是富含赖氨酸和精氨酸，这些都有利于宝宝的成长。

珍珠白玉汤

准备材料

金针菇150克，豆腐150克，白菜120克，鸡汤、盐、料酒、生姜汁、胡椒粉、香油、葱段各适量。

制作过程

1. 金针菇洗净，切开；豆腐切块；白菜洗净，切小块备用。

2. 汤锅上火，加鸡汤、豆腐、盐、料酒、生姜汁、葱段，煮沸。

3. 加白菜、金针菇、胡椒粉煮沸片刻，淋香油即可。

经典分享

本款汤以蔬菜为主，各类蔬菜大融合，争奇斗艳般地迸发出浓郁的菜香，汤品鲜美可口，而且各类蔬菜可根据自身的喜好丰富多变。但需注意不要把西洋菜煮那么烂，否则既影响口感，又损失营养。

Z 杂菜汤

准备材料

西洋菜200克，芥菜100克，大白菜100克，莲藕50克，胡萝卜50克，盐5克，香油、食用油各适量。

制作过程

1. 胡萝卜切丝；莲藕切丝。

2. 热锅下油，放入大白菜与西洋菜同炒，加椒丝炒香后，加水煮20分钟，放盐即可。

爱意浓浓 PART 3

一碗暖暖的家常养生汤

L 老鸭芡实扁豆汤

准备材料

老鸭500克，白扁豆50克，芡实20克，姜、盐、鸡精、食用油各适量。

养生秘诀

　　这是一款效果不错的健脾祛湿汤，尤其是在湿气较重的广东，此汤是春、夏餐桌上常见的食品。清热凉血、滋阴的鸭肉，同健脾止泻、除湿止带的芡实，再加上消暑祛湿的扁豆一起炖出来的汤，有滋阴补虚、健脾祛湿的功效，非常适合在暴雨天喝。

制作过程

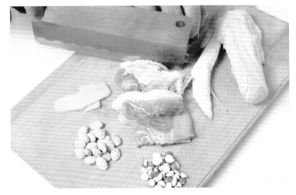

1. 老鸭洗净，斩块；白扁豆、芡实、姜洗净，分别切片。

2. 烧锅下油，油热后，放入鸭肉煸炒2分钟，再铲出沥干油。

3. 将鸭肉、芡实、扁豆、姜片一起放入炖盅，加入适量开水，炖2小时，直至扁豆、芡实熟烂，加入盐、鸡精调味即可食用。

H 花旗参石斛炖猪展

花旗参15克，石斛10克，猪展300克，鸡脚50克，老姜5克，葱5克，盐5克，鸡精5克。

养生秘诀

花旗参的有效成分包括西洋参皂角苷、挥发油、多醣等，对于现代常见的慢性疲劳综合征、冠心病、高血压、动脉硬化、糖尿病、胃溃疡及十二指肠溃疡、失眠等病具有预防及治疗的双重功效。

制作过程

1 猪展斩件；鸡脚斩去脚趾尖；石斛、花旗参分别洗净。

2 待锅内水煮沸，放入猪展、鸡脚氽烫，氽去表面血渍，倒出洗净。

3 炖盅装水，放入猪展、石斛、花旗参、鸡脚、老姜、葱，隔水炖2小时，调入盐、鸡精即可食用。

生熟地煲猪尾

准备材料

猪尾400克，生地15克，熟地15克，猪脊骨500克，猪展200克，蝎子20克，生姜10克，玉竹10克，党参10克，鸡精5克，盐适量。

养生秘诀

此汤有清热祛毒、清热凉血、养阴生津的功效，对肾虚、阳气不足有疗效，还能解湿毒。

制作过程

1. 猪尾、猪脊骨斩块，洗净；生姜去皮；生地、熟地分别洗净。

2. 取砂锅烧水，待水沸时，放入猪尾、猪脊骨汆去血渍，冲净。

3. 取砂锅，放入猪脊骨、猪展、猪尾、生地、熟地、蝎子、生姜、玉竹、党参，加入清水，大火煲开后，改用小火煲2小时，调入盐、鸡精即可食用。

川芎炖鸭

准备材料

川芎10克，薏米20克，鸭肉600克，料酒10毫升，姜片5克，盐4克，鸡精3克。

川芎行气开郁，除脂减肥；薏米健脾祛湿，也可以减肥；鸭肉滋阴、清肺、解热。此汤可减肥瘦身，清热活血，还可调理女性血虚头晕。

制作过程

1 将川芎、薏米、姜片分别洗净；鸭肉洗净，斩块。

2 锅内烧开水，放入鸭肉汆去血渍，再捞出洗净。

3 将鸭肉、川芎、薏米及姜片一起放入炖盅，加入适量开水和料酒，大火炖开后，改用小火炖1小时，加盐、鸡精调味即可食用。

G 甘草炖鸽子

准备材料

鸽子1只，猪瘦肉100克，甘草10克，香菇30克，姜5克，盐4克，鸡精3克。

养生秘诀

鸽子又名白凤，肉质鲜美，营养丰富，可补益肾气、清热解毒；甘草和中缓急、润肺解毒；香菇能助消化、降血脂。此汤味道鲜美，适合减肥瘦身者食用。

制作过程

❶ 将甘草、香菇洗净；鸽子宰杀，洗净；瘦肉洗净，切片；姜切片。

❷ 锅内烧开水，放入鸽子、猪瘦肉氽去血渍，再捞出洗净。

❸ 将鸽子、香菇、猪瘦肉、甘草、姜片一起放入炖盅内，加入适量开水，大火炖开后，改用小火炖1.5小时，加盐、鸡精调味即可食用。

鹌鹑蛋猪肚汤

准备材料

鹌鹑蛋12只，猪肚500克，猪脊骨250克，猪展300克，姜5克，盐5克，鸡精5克，白胡椒粒3克，淀粉适量。

养生秘诀

猪肚汤为中国广东、香港和澳门地区常见的老火汤，是补脾胃之佳品，对于健脾开胃和气血虚损有很好的食补作用，还能祛秋燥补脾胃虚弱。本汤用猪肚和鹌鹑蛋、猪脊骨、猪展、白胡椒等一起煲，不仅可暖胃健脾，还能祛风驱寒。

制作过程

1. 先将猪脊骨、猪展斩块；猪肚用淀粉洗净（多洗几次，确保干净）；鹌鹑蛋煮熟，剥壳；姜去皮，拍破。

2. 锅内烧开水，放入猪脊骨、猪展、猪肚氽去血渍，捞出，用清水洗净。

3. 砂锅装清水，大火煲开后，放入猪脊骨、猪展、猪肚、鹌鹑蛋、白胡椒粒、姜，煲2小时，调入盐、鸡精即可食用。

H 何首乌猪肝汤

准备材料

猪肝300克，何首乌20克，猪脊骨200克，猪展150克，姜5克，红枣10克，盐5克，鸡精5克。

养生秘诀

何首乌有补益肝肾、调和气血、收敛精气、壮阳补阴之功效；猪肝有补肝、明目、养血的功效。此汤可滋阴补肾，益气和中，常喝还可保健强身、乌发美容、保护视力、消除眼睛疲劳。

制作过程

1 先将猪脊骨、猪展斩件；何首乌洗净，切块；猪肝切块；姜去皮，拍破；红枣洗净。

2 锅烧开水，放入猪脊骨、猪展汆去血渍，捞出洗净。

3 砂锅装水用大火煲开，放入猪脊骨、猪展、猪肝、何首乌、红枣、姜，用小火煲2小时，调入盐、鸡精即可食用。

双莲煲老鸡

准备材料

老鸡300克，莲子50克，莲藕300克，红枣15克，姜10克，盐6克，鸡精3克。

养生秘诀

莲子是常见的滋补之品,有很好的滋补作用。古人认为,经常服食莲子则百病可除,因它"享清芳之气,得稼穑之味,乃脾之果也"。双莲煲老鸡是补养脾胃的好汤,有养胃滋阴、益血、止泻的功效。

制作过程

1. 老鸡砍成块;莲子用温水泡透;莲藕去皮,切块;姜去皮,拍破。

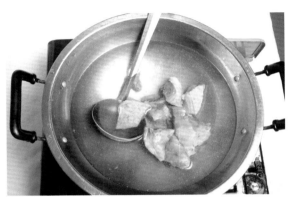

2. 锅内烧水至水开后,放入老鸡氽去血渍,捞出洗净。

3. 取砂锅,加入老鸡、莲子、莲藕、红枣、姜和适量清水,大火煲开后,改用小火煲2小时,调入盐、鸡精即可食用。

鱼胶桂圆肉炖水鸭

准备材料

鱼胶30克，水鸭1只，桂圆肉、姜、盐、鸡精各适量。

养生秘诀

　　鱼胶健脾养血，桂圆补血。此汤适用于各种癌症导致的气弱血虚、肾精亏损、虚阳上浮及放疗后的热伤真阴、阴虚内热。

制作过程

① 用水浸鱼胶后，洗净，切丝；水鸭宰好，斩块，洗净；姜、桂圆肉分别洗净。

② 锅内烧水至水开后，放入水鸭块氽去血渍，捞出，洗净。

③ 把鱼胶、氽好的水鸭、桂圆肉、姜一起放入炖盅内，加入适量开水，加盖，小火隔水炖2小时，加盐、鸡精调味即可食用。

𝒴 鱼肚炖乌鸡

准备材料

怀山药10克，枸杞子5克，猪展150克，鸡脚100克，姜5克，葱5克，乌鸡半只，鱼肚100克，盐5克，鸡精5克。

　　鱼肚别名为花胶，以富含胶质而著名，可滋阴和补充人体的胶原蛋白；乌鸡是中国特有的药用珍禽，含氨基酸等各种营养元素，是营养价值极高的滋补品。食用这款汤对补充和调养女人气血很有帮助，此外还能养颜护肤。

制作过程

1 猪展斩块；怀山药、枸杞子洗净；鱼肚用水泡开后，切块；葱切段；姜去皮，拍破。

2 锅内烧水至水开后，放入猪展、乌鸡、鸡脚汆去血渍，捞出洗净。

3 将猪展、乌鸡、怀山药、鱼肚、鸡脚、枸杞子、葱、姜放入炖盅内，加入适量清水，炖2小时，调入盐、鸡精即可食用。

象拔蚌怀山老鸽汤

准备材料

怀山药10克，龙骨250克，老鸽1只，姜5克，猪展150克，象拔蚌250克，盐5克，鸡精5克。

养生秘诀

　　鲜怀山药含有一种植物雌激素，在调节女性内分泌，缓解更年期综合征和更年期后骨质疏松症方面有一定作用。多吃鲜怀山药还能够保持女性的青春活力。

⚘ 制作过程

① 老鸽剖好，洗净；象拔蚌切件；龙骨、猪展斩件；姜去皮，拍破；怀山药洗净，切块。

② 锅内烧水至水开后，放入龙骨、猪展、老鸽、象拔蚌汆去血渍，捞出洗净。

③ 砂锅装清水用大火烧开后，放入龙骨、猪展、老鸽、象拔蚌、姜、怀山药，用小火煲3小时，调入盐、鸡精即可食用。

养生秘诀

因猪蹄中含有较多的蛋白质、脂肪和碳水化合物，所以煲制本汤时，不能过早地放入食盐，过早地放盐会阻碍蛋白质的凝固。煲制期间，如果可以，尽量用汤勺不断地把浮上来的油脂去掉，这样煲出来的猪蹄汤好喝又不油腻。

H 花生猪蹄汤

准备材料

花生米100克，猪蹄1只，料酒、盐、胡椒粉、生姜、肉汤各适量。

制作过程

1. 花生米去杂质洗净；猪蹄洗净，去毛，斩块。

2. 猪蹄放沸水中余去血渍，捞出。

3. 锅中放猪蹄、花生米、料酒、盐、胡椒粉、生姜、肉汤，大火煮沸，小火炖至肉熟烂，拣去葱、生姜即可。

养生秘诀

这是一款有着很好滋阴补虚功效的养生汤。人参有助于病愈后恢复、增强体力、调节激素、降低血糖和控制血压等；猪脑味甘，性寒，适宜体质虚弱者及气血虚亏之头晕头痛、神经衰弱、偏头痛者食用。

五味子人参猪脑汤

准备材料

猪脑一副，人参、五味子各六克，麦冬、枸杞子各十五克，生姜三片，盐适量。

制作过程

1. 将猪脑、人参、麦冬、五味子、枸杞子、生姜分别洗净。

2. 洗净的主料一并入炖盅。

3. 加沸水适量，炖盅加盖，小火隔水炖2小时，加盐调味即可。

排骨冬瓜汤是一款美味的家常汤，具有利尿、补虚养身的功效。猪排骨除含蛋白、维生素外，还含有大量磷酸钙、骨胶原、骨黏蛋白等，可为女人补充钙质。冬瓜性凉而味甘，能消热解毒、利尿消肿、止渴除烦，对烦躁、小便不利、暑热难消等现象有效。

P 排骨冬瓜汤

准备材料

排骨500克，冬瓜400克，盐5克，大料1个，料酒15毫升，枸杞子、生姜片各适量。

制作过程

1. 排骨入沸水中，烫去血水，捞出，沥干水分。

2. 排骨放锅内，加清水、生姜片、大料、料酒、枸杞子，小火煲45分钟。

3. 冬瓜切厚片，放进排骨汤中，小火煮15分钟，加入盐即可。

养生秘诀

此汤是一款非常易做又美味的家常益精补血汤，汤鲜味美，海带和猪排骨都含有丰富的钙，可预防人体缺钙。但要注意，海带性寒，脾胃虚弱者要忌食。

H 海带排骨汤

准备材料

猪排骨400克，海带150克，盐、葱段、生姜片、料酒、麻油各适量。

制作过程

1. 海带浸泡，洗净控水，切成长方块；猪排骨洗净，斩段，汆水。

2. 锅内加水，放猪排骨、葱段、生姜片、料酒煮沸，撇去浮沫，改用中火焖烧约20分钟，倒入海带，在大火上煮10分钟，加盐，淋香油即可。

南瓜能润肺燥、消痈肿；牛肉能增营养、补气血、利水湿。两者合用，攻补结合，有润肺消痈、托毒排脓之功。可缓解肺痈胸痛、咳吐浓痰等症。

N 南瓜牛肉汤

准备材料

老南瓜500克，牛肉300克，生姜10克，料酒、盐各适量。

制作过程

1. 将南瓜从近蒂处切开，掏去瓜瓤，弃掉；牛肉切片。
2. 牛肉片汆水，然后，放入南瓜盅中，加入水、料酒、生姜片，上笼蒸。
3. 取出，加入盐调味即可。

养生秘诀

海底椰是一种夏季常见的汤料，有除燥清热、润肺止咳等作用；玉米能止血、利尿，又能降胆固醇；胡萝卜宽中行气、健胃助消化；猪脊骨补阴益髓又健筋骨。此汤对糖尿病者，以及消化不良、食欲缺乏的高血压者特别适宜。

H 海底椰玉米脊骨汤

准备材料

猪脊骨300克，海底椰片30克，玉米棒100克，胡萝卜100克，盐8克，鸡精3克，党参10克，生姜10克。

制作过程

1. 猪脊骨斩成块；玉米棒切成节；胡萝卜去皮，切块；生姜去皮，切片。

2. 锅内烧水，待水沸后，投入猪脊骨，用中火汆水，去净血渍，倒出洗净。

3. 另取瓦煲一个，加入猪脊骨、海底椰片、玉米棒、胡萝卜、党参、生姜，注入适量清水，用小火煲约2小时。然后，调入盐、鸡精即可食用。

养生秘诀

猪心含蛋白质、硫胺素、核黄素、烟酸等成分，具有营养血液、养心安神的作用；猪肺味甘、微寒，有止咳、补虚、补肺之功效。此汤对肺胃阴虚引起的燥咳、咽干少津、大便燥结等症有一定的功效，为家庭常用滋补汤品。

沙参心肺汤

准备材料

猪心1个，猪肺1个，沙参25克，生姜15克，大葱10克，盐、胡椒粉各适量。

制作过程

1. 将猪心、猪肺冲洗干净，挤净血污；将其各自切成块。

2. 锅内加水，投入猪心、猪肺煮沸，捞出猪心、猪肺待用。

3. 将猪心、猪肺同沙参、葱、生姜一起入锅，加适量水，用大火煮沸后，改用小火炖至心、肺熟透，用盐、胡椒粉调味即可。

养生秘诀

冬虫夏草非常适合人们用来提高免疫力，或者是术后、产后身体的恢复。跟肉类产品炖着吃，此法为传统虫草常吃法，结合不同的肉类品种，功效有一定的差别。与猪瘦肉一起，具有补气生津的功效。

D 冬虫夏草瘦肉汤

准备材料

猪瘦肉500克，冬虫夏草15克，蜜枣3枚，盐适量。

制作过程

1. 冬虫夏草洗净；蜜枣去核，洗净；猪瘦肉洗净，沥干水分，切块。
2. 上述材料一同放入炖盅内，加清水8碗，隔水炖约2小时。
3. 取出炖盅，加入盐调味即可。

本汤是产妇催乳的汤水之一，猪蹄含有丰富的胶原蛋白质，能增强皮肤弹性和韧性；花生可健脾和胃、利肾去水、理气通乳、治诸血症；木瓜有通乳之能，适宜产妇缺奶食用。

M 木瓜花生煲猪蹄

准备材料

木瓜半个，猪蹄1只，花生、盐各适量。

✂ 制作过程

1. 木瓜切块，猪蹄劈开。

2. 猪蹄烧熟，再放干锅里爆香，加入木瓜一起炒香。

3. 加水和花生煮1.5小时，加盐调味即可。

鲍鱼不仅含有丰富的蛋白质，还含有较多的钙、铁、碘和维生素A等营养元素，具有滋阴补养功效，并是一种补而不燥的海产品；猪瘦肉补肌润燥；百合补肝清热；莲子补脾固精。本汤有益脾健胃、养心神、润肺肾的功效。

莲子鲍鱼瘦肉汤

准备材料

猪瘦肉500克，鲍鱼200克，莲子、百合、生姜、葱、盐各适量。

制作过程

1. 鲍鱼洗净；猪瘦肉洗净，切块。

2. 莲子、百合放入锅煮5分钟，捞起洗净。烧水至沸，放入生姜片、葱条、鲍鱼、猪瘦肉煮5分钟，取出洗净。

3. 煲内放入适量水煲沸，放入鲍鱼、猪瘦肉、百合、生姜煲沸，小火煲2小时，加入莲子再煲1小时，放盐调味。

养生秘诀

因食用此汤能保护女性的皮肤，所以适宜熬夜的女性。猪皮特有的胶质能增强细胞生理代谢，延缓皮肤皱纹的生成，可润肤去皱，并且还有滋阴补虚、养血益气之功效；当归、桂圆和红枣可以补血调经，活血通络，尤其是桂圆，还有安神、健脑益智、补养心脾的功效。

H 红枣桂圆猪皮汤

准备材料

红枣15枚，当归20克，桂圆肉30克，猪皮500克，盐5克。

制作过程

1. 红枣去核，洗净；当归、桂圆洗净；尽量剔除黏附在猪皮上的脂肪，切成块状，洗净。

2. 锅内加水煮沸，投入猪皮汆水，捞起。

3. 将清水放入瓦煲内，煮沸后，加入以上材料，煲沸后，改用小火煲3小时，加盐调味即可。

养生秘诀

羊血性平，味咸，含有血红蛋白、人血白蛋白、血清球蛋白及少量的纤维蛋白，有活血、补血、化瘀之功用；平菇含有的多种维生素及矿物质可以改善人体新陈代谢、增强体质。此两种食材一起煮，可补血养血、养心温脾。

P 平菇羊血汤

准备材料

羊血块200克，平菇150克，葱花、生姜末、青蒜细末、食用油、料酒、盐、五香粉、麻辣汁水各适量。

制作过程

1. 平菇择洗干净，大者纵剖为二，盛碗中；羊血块洗净，入沸水锅汆透，取出，切成2厘米见方的块。

2. 炒锅置火上，加食用油烧至六成热时，加葱花、生姜末煸炒出香，加清水适量，并加羊血块，烹入料酒，大火煮沸，加平菇，拌匀，改用小火煨煮30分钟。

3. 加青蒜细末、盐、五香粉及麻辣汁水，煮沸即可。

养生秘诀

羊腩具有调和脾胃、补血、降压功效，能增加血液中的白细胞；萝卜富含丰富的膳食纤维，常吃萝卜不仅可以促进肠胃蠕动，使人体减少吸收有毒和致癌物质，预防肠癌发生，还可以预防便秘。本汤具有"补中益气，健脾消食"等功效。

𝓛 萝卜羊腩汤

准备材料

白萝卜1个，胡萝卜半个，桂圆12克，羊腩500克，生姜4片，盐适量。

制作过程

1. 萝卜去皮洗净，切厚片；桂圆洗净；生姜洗净；羊腩洗净，切块。
2. 锅内放冷水，投入羊腩，小火煮沸，捞起羊腩。
3. 材料放入沸水中，用中火煲3小时，以盐调味即可。

养生秘诀

本汤是一款常见的养生药膳，口感清润怡人。莲子、百合可以健脾益气、养阴润肺、清心安神，和猪瘦肉一起煲汤可健脾胃、润肺、安神，尤其适合脾肺气虚咳嗽者。

L 莲子百合瘦肉汤

准备材料

莲子、百合各15克，猪瘦肉200克，料酒、盐、葱段、生姜片各适量。

制作过程

1 莲子浸泡去芯；百合洗净；猪瘦肉切块，汆去血水，捞出，洗净。

2 热锅下油，炒香葱段、生姜片，加肉块翻炒，烹入料酒，炒至水干。

3 加水，放莲子、百合煮沸，小火煮1小时，放盐即可。

养生秘诀

山药具有健脾养胃、滋阴补阳的功效，是秋冬季节的滋补佳品。薏米特别适合女性食用，有除湿利尿消水肿的作用，还富含维生素E，具有美容功效。这两种食材与排骨一同炖煮，汤汁醇白、味道浓郁又不失营养。

Y薏米山药排骨汤

准备材料

薏米、玉竹、枸杞子各10克，鲜山药60克，排骨500克，当归、料酒、盐各适量。

制作过程

1. 当归、薏米、玉竹、枸杞子分别洗净；山药去皮，切片；排骨洗净，斩块，汆水。

2. 材料放炖盅内，加料酒和水，小火炖煮2小时，加盐调味即可。

养生秘诀

　　本汤具有滋肾阴、润肺燥、宣肺止咳、化痰的功效。汤中北杏仁味苦辛、性微温，质润，有止咳平喘、宣降肺气的作用；川贝母能润肺化痰，与北杏仁同用，则润肺、化痰、镇咳效果更佳。党参能健脾、益气生津；老鸭性味甘咸，能益阴滋液。

参地老鸭汤

准备材料

　　老鸭肉1000克，北杏仁、川贝母各12克，党参、熟地各20克，姜、盐各适量。

✂ 制作过程

1. 老鸭肉洗净，斩块；党参、川贝母、熟地分别洗净；北杏仁用开水烫去皮。

2. 砂锅内放适量清水煮沸，放入老鸭肉汆去血渍，倒出，用温水洗净。

3. 砂锅内放适量清水，放党参、川贝母、熟地、姜、北杏仁、老鸭肉，大火煲沸，改小火煲2小时，加盐调味即可。

猪脑味甘，性寒，有补骨髓、益虚劳、滋肾补脑的功效；桂圆肉补心安神、养血益脾；枸杞子不仅明目、养血，还能补肝肾之阴。三者合用，能益气血、补肾益脑。

G 枸杞子桂圆猪脑汤

准备材料

枸杞子20克，猪脑2副，桂圆、天麻、盐、生姜各适量。

制作过程

1. 枸杞子、桂圆分别洗净；天麻浸泡，切片；猪脑汆水后，撕去表面黏膜。

2. 锅里加水与枸杞子、桂圆肉、天麻煮约30分钟，加生姜、猪脑，小火煲1小时，加盐调味即可。

养生秘诀

羊肉和白萝卜是绝配，因为白萝卜不仅可以去羊肉的腥味、膻味，还能吸附一部分羊肉当中的脂肪，并且白萝卜味甘，性凉，有清凉、解毒、去火的功效，而羊肉正好性温，两者荤素合理膳食搭配，一起煲汤还能具有开胃健脾的作用。

羊肉萝卜汤

准备材料

草果5克，羊肉500克，荷兰豆100克，萝卜300克，生姜10克，香菜、胡椒、盐、醋各适量。

制作过程

1. 羊肉洗净，切成2厘米见方的小块。

2. 荷兰豆拣选后，淘洗净，切去头尾；萝卜切3厘米见方的小块；香菜洗净，切段。

3. 将草果、羊肉、荷兰豆、生姜放入锅内，加水适量，置大火上煮沸，移小火上煮1小时，再放入萝卜块煮熟，放入香菜、胡椒、盐、醋即可。

养生秘诀

牛肚营养价值高，富含蛋白质、钙等，有补气养血、健脾胃的功效。但要注意吃牛肚一定要清洗干净，除本汤介绍的清洗方法外，还建议可先在牛肚上加食盐和醋，用双手反复揉搓，直到黏液凝固脱离，再用清水洗涤一遍捞出。然后，再用盐、醋(量可减少)搓揉一次，清水洗两遍，这样就可以了。

M 麦芽马蹄牛肚汤

准备材料

麦芽30克，山药30克，马蹄60克，牛肚600克，蜜枣5枚，盐5克，生姜、食用油、淀粉各适量。

制作过程

1. 麦芽、山药洗净，浸泡1小时；马蹄去皮，洗净；蜜枣洗净；牛肚切大件。

2. 牛肚用开水稍烫，撕去胃内薄黏膜，用刀刮去墨绿色黏膜，用食用油、淀粉反复搓洗，以去除异味，洗净，余水。

3. 将清水2000毫升放入瓦煲内，煮沸后，加入以上材料，以大火煲开后，改用小火煲3小时，加盐调味即可饮用。

养生秘诀

黑豆可补肾益阴，健脾利湿，除热解毒；黄芪可补气固表；党参可补中益气；牛展可补气健脾。用它们一起煲汤，有养血滋阴、益气固表的功效，而且汤水润而不腻，补而不燥，还有生发乌发的作用。

黄芪党参黑豆牛展汤

准备材料

党参15克，黄芪25克，黑豆100克，牛展300克，莲子10克，生姜片、陈皮、盐各适量。

制作过程

1. 黄芪、党参、新鲜莲子、生姜片和陈皮分别洗干净；新鲜莲子去硬皮、心；牛展切大块；黑豆放锅中干炒至豆衣裂开，洗净。

2. 将莲子、黑豆、黄芪、党参、陈皮和生姜片放入瓦煲内，加水，大火烧沸，然后，放入牛展，小火煲3小时，加盐调味即可。

此汤养阴润肺，祛痰止咳，补益脾胃，适合一般人作为秋凉进补日常佐膳。牛肉富含蛋白质、氨基酸，能提高机体抗病能力，具有补中益气、滋养脾胃、强健筋骨的功效。

沙参山药牛腩汤

准备材料

沙参50克，山药50克，牛腩肉250克，盐、生姜、陈皮各适量。

制作过程

1. 将牛腩肉切成方块；沙参切段；山药、陈皮分别洗净待用。

2. 锅内加水，放入牛腩肉煮沸，使牛腩肉的血水去尽，然后捞出。另烧水，投入牛腩、沙参、山药、陈皮、生姜，煲约2小时。

3. 加盐调味，装入汤碗即可。

这是一款简单的粤式汤，适合秋冬季节进补，有滋补养颜的作用。猪腰，即猪肾，含有蛋白质、脂肪、碳水化合物、钙、磷、铁和维生素等，有健肾补腰、和肾理气之功效。猪腰炖汤常配以枸杞、核桃、红枣，可补肾助阳，强腰益气。

核桃红枣猪腰汤

准备材料

猪腰200克，猪脊骨250克，猪瘦肉150克，核桃、红枣各50克，枸杞子30克，北芪、党参、老姜、盐、鸡精各5克。

制作过程

1. 先将猪脊骨、猪瘦肉斩件；猪腰去肉筋，洗净；核桃、北芪、党参、红枣、枸杞子分别洗净。

2. 砂锅内放适量清水煮沸，放入猪脊骨、猪瘦肉、猪腰氽去血渍，倒出，用温水洗净。

3. 将砂锅装水，用大火煲沸后，放入猪脊骨、猪瘦肉、猪腰、核桃、北芪、党参、红枣、枸杞子、老姜，煲2小时后，调入盐、鸡精即可食用。

罗宋汤，是著名的汤羹类美食。汤品酸中带甜、甜中飘香、肥而不腻、鲜滑爽口。汤中除了主要成分红薯之外，还加有牛肉、番茄、胡萝卜等，既营养又开胃。

♪ 家常罗宋汤

准备材料

牛肉50克，红薯200克，胡萝卜、番茄、包心菜、洋葱、芹菜、红肠各100克，番茄酱、盐、胡椒粉、食用油各适量。

制作过程

1 牛肉洗净，切块，下锅焖制3小时；胡萝卜、番茄、包心菜、洋葱、芹菜洗净，分别切好备用；红肠切片。

2 热锅放油，放红薯块、红肠、胡萝卜、番茄、包心菜、洋葱、芹菜，加番茄酱，煸炒片刻，加水，小火煮30分钟，加盐、胡椒粉即可。

养生秘诀

在煲牛肉汤的过程中，最好一次性加够水，还要少加水，以水微微漫过食材为佳，这样最后焖出的牛肉汤汁滋味才会更加醇厚。若实在要加水，最好加开水，因牛肉含有大量的蛋白质和脂肪，遇冷后，蛋白质会凝固，肉骨表面空隙也会收缩，不仅不易烧烂，而且鲜味也会降低。

F 番茄牛肉汤

准备材料

番茄、红薯各200克，牛肉250克，洋葱、胡萝卜各150克，盐、食用油、胡椒粉、香叶各适量。

制作过程

1 将牛肉洗净，切块；然后再把洋葱、胡萝卜和红薯洗净，去皮后，分别切丁。

2 热锅下油，将洋葱和胡萝卜下锅炒至呈芽黄色，加香叶略炒片刻。

3 倒番茄、红薯、牛肉，加水，用中火煮30分钟，加盐和胡椒粉即可。

.83.

冬瓜是一种药食兼用的蔬菜，具有多种保健功效。薏米中含有一定的维生素E，是一种美容食品，常食可以保持人体皮肤光泽细腻，改善肤色。两者与排骨一起煲汤，清润可口，非常适合炎热夏天哦。

D 冬瓜薏米煲排骨

准备材料

冬瓜500克，排骨300克，薏米100克，大葱、生姜、醋、盐各适量。

制作过程

1. 薏米筛洗干净；冬瓜去皮后，切大块；生姜切成片；大葱斜切成小段备用。

2. 排骨冲洗后，放入砂锅，一次性加入足量的水，大火煮沸，撇去浮沫。

3. 转小火，放入生姜片、葱段、醋、薏米，盖上锅盖煲1~2小时，熄火前30分钟放入冬瓜，调入适量盐即可。

养生秘诀

此汤有补肾强腰、利湿降压之功。猪腰子可补肾气、通膀胱、消积滞、止消渴；冬瓜含钠量极低，如带皮煮汤喝，可达到消肿利尿，清热解暑作用。

香菇冬瓜腰片汤

准备材料

冬瓜250克，猪腰1副，薏米9克，黄芪9克，山药9克，香菇5朵，鸡汤200毫升，生姜、葱、盐、香油各适量。

制作过程

1. 将材料都洗净。然后冬瓜削皮，切成块状；香菇去蒂；猪腰对切两边，除去白色部分，再切成片，洗净后，用热水烫过。

2. 鸡汤倒入锅中加热，先放生姜、葱，再放薏米、黄芪和冬瓜，以中火煮40分钟。

3. 加猪腰、香菇和山药，煮熟后，用小火煮片刻，加盐，再淋入香油调味即可。

养生秘诀

玉竹可作滋补药品，主治热病伤阴、虚热燥咳、心脏病、糖尿病、结核病等症，并可作高级滋补食品、佳肴和饮料。

杏仁玉竹猪肺汤

准备材料

南杏仁10克，猪肺1个，北杏仁9克，陈皮1片，玉竹30克，生姜、盐各适量。

制作过程

1. 猪肺洗去中间白色，切成块状；南杏仁、北杏仁去衣，洗干净；玉竹、陈皮浸洗干净。

2. 锅内加水，投入猪肺煮约5分钟，捞出。

3. 瓦煲加入清水，用大火煲至水沸，放入材料，待水再沸时，改用中火继续煲3小时，然后，以盐调味即可。

养生秘诀

此汤助阳散寒、温中健脾暖胃。生姜既可为菜，亦可调味，更可药用，其含有的姜辣素可刺激味觉神经和胃黏膜，提高小肠的吸收功能，有健胃、止呕、促进消化的作用。在烹饪肉类食物时，加些生姜，能减缓食品的变质和酸败。

桂皮生姜猪肚汤

准备材料

桂皮6克，猪肚1个，生姜30克，盐适量。

制作过程

1. 猪肚洗净，切成块。
2. 桂皮、生姜分别用清水洗净，切成片。
3. 将以上材料放入炖盅内，加水和盐，放入锅内用小火隔水炖3小时即可。

养生秘诀

狗肉不仅蛋白质含量高，而且蛋白质质量极佳，可增强人的体魄，提高消化能力，促进血液循环，改善性功能。此外，狗肉还可用于老年人的虚弱症，冬天常吃，可使老年人增强抗寒能力。巴戟也有温肾助阳、壮力气的功效。

B 巴戟狗肉汤

准备材料

狗肉500克，猪脊骨300克，猪瘦肉200克，巴戟30克，红枣20克，姜、枸杞子、盐各10克，鸡精5克。

制作过程

1. 先将狗肉斩件、洗净；猪脊骨、猪瘦肉斩件；姜去皮。

2. 砂锅内放适量清水煮沸，放狗肉、猪脊骨、猪瘦肉氽去血渍，倒出，用温水洗净。

3. 砂锅内放入猪脊骨、猪瘦肉、狗肉、姜、巴戟、红枣、枸杞子，加入适量清水，中火煲2小时，调入盐、鸡精即可食用。

养生秘诀

此汤有补益血气、养肝补肾、壮阳祛寒的作用。身体虚弱、怠倦怕冷、手脚不温、头晕目眩、精血两亏和子宫虚冷，可用此汤作食疗。因此汤为热补汤品，所以体虚有热的，不适宜食用，不然不仅起不到热补效果，还会有反作用。

G枸杞子鹿茸乌鸡汤

准备材料

乌鸡1只，枸杞子25克，鹿茸片25克，生姜、盐各适量。

✂ **制作过程**

1. 乌鸡去毛、内脏、肥膏，备用；枸杞子、鹿茸片和生姜分别洗干净；生姜去皮，切3片，备用。

2. 将以上材料一同放入炖盅内，加入适量开水，盖上炖盅盖，放入锅内。

3. 隔水炖4小时，加入适量盐调味即可。

因鱼肉极易腐败变质，因而原料鱼必须及时处理，以防止降低鲜度品质。

D豆腐鱼糜蔬菜汤

准备材料

鱼肉250克，豆腐1块，大白菜250克，生姜丝、淀粉、盐各适量。

✄ 制作过程

1. 将鱼肉剁成粉碎，加盐调成黏稠的鱼糜。

2. 在锅里加入切好的豆腐，放水煮沸，然后，倒入切好的大白菜。

3. 倒入鱼糜及生姜丝，最后用淀粉勾薄芡即可。

养生秘诀

炖鱼汤开锅后，用大火才能炖出像牛奶一样白的汤。而开锅后就改成小火炖出来的汤则是清汤。用来炖汤的水不管冷热都可以，只要火候对了，汤品的颜色就对。

酿鲫鱼豆腐汤

准备材料

鲫鱼1条，豆腐1块，猪肉馅50克，食用油、葱、生姜末、蒜、盐、高汤、味精、料酒各适量。

制作过程

1 将豆腐切成骨牌块，用开水烫一下；鱼收拾干净，两面都剖上花刀。

2 将猪肉馅和葱、生姜末、盐、料酒拌匀，酿入鱼肚内。

3 炒锅上火烧热，加底油，用葱、生姜、蒜炝锅，加入高汤。汤开后，放入鱼和豆腐，加适量的盐，用大火炖。鱼熟后，放入味精调味即可。

养生秘诀

川贝具有清热化痰止咳之功，特别适用于肺燥或秋燥所致的咳嗽；雪梨有生津止咳、润燥化痰、润肠通便的功效；银耳是一味滋补良药，滋润而不腻滞，具有补脾开胃、益气清肠、养阴清热、润燥的功效。

雪梨银耳川贝汤

准备材料

雪梨1个，银耳10克，川贝母5克，冰糖适量。

制作过程

1. 将雪梨洗净，切成大块；银耳用温水浸泡至软后，去蒂，洗净，去杂质。

2. 将以上材料一同放入砂锅中，加水煮沸后，改用小火炖40分钟。

3. 加冰糖，溶后即可。

久服本汤，可使气血旺盛、肌肤光泽。这是因为，汤中的红枣能补血暖胃、利水排毒；汤中的另一食材鸡蛋所含的营养成分全面且丰富，有利于补充营养。

H 红枣鸡蛋汤

准备材料

腐竹皮100克，红枣5枚，鸡蛋1个，冰糖适量。

制作过程

1. 将腐竹皮洗净，泡发；红枣洗净，去核。
2. 锅中注水，放腐竹皮、红枣、冰糖，用小火煮30分钟。
3. 加入鸡蛋搅匀即可。

本汤是极具养颜功效的佳品。西洋参可补气养阴，清热生津；银耳有强精补肾、润肠益胃、补脑提神、美容嫩肤的功效；燕窝有养阴、润燥、益气、补中、养颜等功效。

银耳洋参炖燕窝

准备材料

银耳100克，西洋参片50克，燕窝150克，冰糖适量。

制作过程

1. 银耳用清水浸开，洗净，摘小朵；西洋参片洗净。
2. 燕窝用清水浸泡，洗净，拣去羽毛、杂质。
3. 把全部材料放入炖盅内，加水，隔水小火炖3小时，加冰糖调味即可。

养生秘诀

雪蛤含有丰富的蛋白质、氨基酸，以及各种微量元素和动物多肽物质，尤其适合作为日常滋补之品。色泽晶莹的雪蛤配以奶白的椰汁，甜而不腻，补而不燥，不仅口味独特，并且还有极好的滋阴养颜、益气养血的功效。

椰汁黑豆炖雪蛤

准备材料

椰子1个，黑豆、莲子各20克，雪蛤膏10克，红枣3枚，生姜、糖各适量。

制作过程

1. 雪蛤膏用清水浸泡；椰子剥开，倒出椰汁。
2. 黑豆、莲子、红枣洗净，红枣去核。
3. 将雪蛤膏和生姜片煮15分钟，取出洗净，除去生姜片。
4. 椰汁煮沸，放其他材料煲开片刻，加糖调味即可。

养生秘诀

如果肺热有痰，要想清热祛痰的话，可以把梨掏空心，银耳和冰糖放入，蒸1小时再吃即可。梨皮最好不要去掉，因为营养都在皮上。冰糖银耳含糖量高，睡前不宜食用，以免血糖增高。

银耳雪梨汤

准备材料

雪梨3个，银耳、枸杞子、红枣、冰糖各适量。

制作过程

1. 银耳用温水泡开；梨子切块，泡水里防止变黑；枣泡软。
2. 银耳加水煮沸，再加梨块煮沸。
3. 加红枣、枸杞子、冰糖，小火煲1小时即可。

靓汤分享 PART 4
我的汤品盛宴

H 黑豆鲇鱼汤

准备材料

黑豆50克，鲇鱼500克，鲜鸡爪100克，猪瘦肉300克，姜5克，葱4克，盐5克，鸡精3克。

汤品密语

鲇鱼的最佳食用季节在仲春和仲夏之间。它不仅像其他鱼一样含有丰富的营养，而且肉质细嫩、刺少、美味浓郁、开胃、易消化，特别适合老人和儿童。烹制鲇鱼前，可将其宰杀后放入沸水中烫一下，再用清水洗净，这样就可去掉其表面丰富的黏液。

制作过程

❶ 将鲇鱼剖好；鲜鸡爪斩件；猪瘦肉切粒；黑豆洗净；姜去皮，切片；葱切段。

❷ 锅内烧开水，将鲇鱼、猪瘦肉、鲜鸡爪汆去血渍，捞起用清水冲净。

❸ 取炖盅将鲇鱼、猪瘦肉、鸡爪、黑豆、姜片、葱段放入炖盅，加入清水，炖2.5小时，加入盐、鸡精即可食用。

鲫鱼党参汤

准备材料

鲫鱼500克，党参15克，猪脊骨500克，猪展200克，姜10克，玉竹10克，盐5克，鸡精5克。

汤品密语

　　鲫鱼又名"鲋鱼"，别称喜头，为鲤科动物，产于全国各地。《吕氏春秋》载："鱼火之美者，有洞庭之鲋。"可知鲫鱼自古为人崇尚。《本草纲目》记载："冬月肉厚子多，其味尤美。"鲫鱼含有全面而优质的蛋白质，对肌肤的弹力纤维构成能起到很好的强化作用，是女性瘦身美体的绝佳食品。

制作过程

❶ 将鲫鱼剖好，斩件，洗净；猪展和猪脊骨分别斩件；姜去皮，拍破；玉竹、党参洗净。

❷ 锅烧开水，汆去猪脊骨、猪展血渍，捞起洗净。

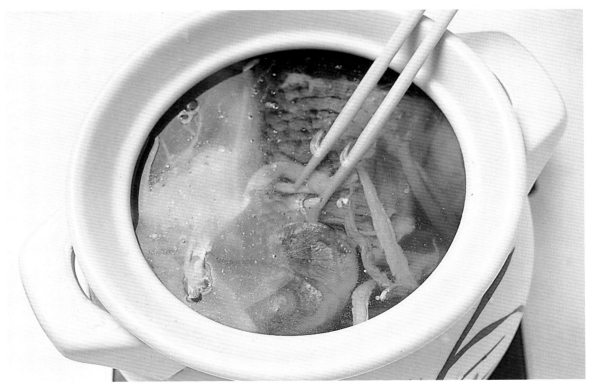

❸ 将鲫鱼、猪脊骨、猪展、姜、党参、玉竹放入砂锅，加入清水，大火煲开后，改用小火煲2小时，调入盐、鸡精即可食用。

松茸菌炖海星

准备材料

松茸菌50克，海星1只，猪展500克，鸡爪300克，沙参20克，玉竹10克，怀山药10克，姜10克，盐5克，鸡精5克。

汤品密语

　　此汤营养价值十分丰富，能改善身体损伤及风湿发作而引起的关节炎，还有清热滋阴、散结气、化痰等功效。汤品中的海星独具改善扁桃腺的功效，若用海星和猪骨一起煲汤，连水带渣吃掉，不仅能预防扁桃体发炎，即使炎症发作时，也能消炎消肿。

制作过程

① 将海星切开；猪展切件；鸡爪斩好；姜去皮切片。

② 锅内烧开水，用小火余去鸡爪、猪展的血渍，捞出洗净。

③ 取炖盅放入松茸菌、猪展、海星、鸡爪、沙参、玉竹、怀山药、姜，加入清水，炖2小时，调入盐、鸡精即可食用。

𝓗 何首乌怀山白鲢汤

准备材料

何首乌50克，怀山药40克，薏米30克，白鲢500克，葱10克，姜10克，料酒15毫升，盐5克，胡椒粉4克。

汤品密语

　　本汤很适合夏季养肝肾，有滋润大肠、解疮毒、降血压之功效。其味道清甜可口，健脾益气。汤中的何首乌、怀山药、薏米皆为补肝肾、益精血之良药。白鲢有健脾补气、温中暖胃、散热、泽肤养颜的功效，可对脾胃虚弱、瘦弱乏力、腹泻等症状有效。

制作过程

1 葱洗净，切段；姜洗净，切片。

2 白鲢洗净，在鱼身上斜划两刀。

3 锅中倒入适量清水，加入姜片煲开，放入白鲢、何首乌、怀山药、薏米、葱段及适量料酒，煲至鱼熟，加入盐和胡椒粉调味即可食用。

旱莲草麦冬炖乌鸡

准备材料

旱莲草10克，乌鸡1只，麦冬10克，料酒10毫升，姜、盐、鸡精各适量。

旱莲草别名鳢肠、墨旱莲。其具有很高的食疗价值，对肝肾阴虚所致的头昏目眩、牙齿松动、腰背酸痛、下肢痿软诸症及血热所致的多种出血症状有良好疗效。

🌀 制作过程

1️⃣ 旱莲草、麦冬洗净；乌鸡宰杀，洗净，切块。

2️⃣ 锅内烧水至水开，放入乌鸡氽去血渍，捞出，洗净备用。

3️⃣ 将旱莲草、麦冬及姜、乌鸡一起放入炖盅，加入适量开水，大火煲开，改用小火炖2小时，放入盐、鸡精调味即可食用。

H 猴头菇木瓜煲鸡脚

准备材料

鸡脚250克，猴头菇50克，木瓜200克，红枣15克，姜10克，盐6克，鸡精3克。

汤品密语

　　猴头菇是食用蘑菇中较名贵的品种，与熊掌、海参、鱼翅同列"四大名菜"。菌肉鲜嫩，香醇可口，有"素中荤"之称，明清时期被列为贡品。此汤气味清润，有提神解疲、强筋健骨的功效，亦可当家庭周末靓汤。

制作过程

1. 鸡脚处理干净；猴头菇用温水泡透，然后洗干净；木瓜去籽、皮，切块；姜去皮，切片。

2. 锅内烧水至水开，投入鸡脚，余去血污，捞出待用。

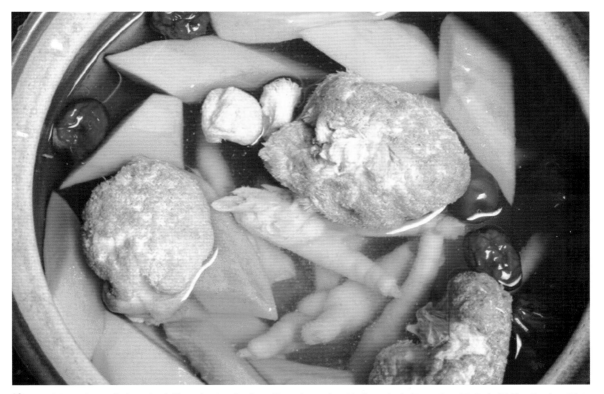

3. 取砂锅，加入鸡脚、猴头菇、木瓜、红枣、姜，注入适量清水，大火煲开后，用小火煲约2小时，调入盐、鸡精即可食用。

玉米煲老鸭

准备材料

玉米棒400克，老鸭500克，猪脊骨400克，猪展300克，姜20克，盐、鸡精各适量。

汤品密语

　　本汤是三高人群较宜食用的汤品之一。因为，玉米煲汤有利于营养的吸收，加速硒与镁的吸收，强化胰岛素功能，从而降低血糖。同时玉米含有丰富的粗纤维，可有效抑制胆固醇的吸收，从而降低胆固醇，因此，还有帮助降低血压和血脂的功效。

制作过程

1　玉米斩段；猪脊骨斩件；猪展切件；姜去皮；老鸭剖好，斩件。

2　锅烧水至水开，放入老鸭、猪脊骨、猪展氽去血渍，捞出备用。

3　砂锅内加入老鸭、猪展肉、猪脊骨、玉米棒、姜，再加入清水，煲2小时，调入盐、鸡精即可食用。

虫草花螺肉煲脊骨

准备材料

螺肉200克，猪脊骨250克，姜10克，盐6克，虫草花15克，枸杞子4克，鸡精3克。

汤品密语

骨质疏松症是导致老人摔倒易骨折的直接原因之一，此汤可以补充人体缺乏的钙质，且有清热解毒、润燥生津的功效，特别适合老年人在秋季食用，不仅可以补充钙质，还能调理骨质疏松症。

制作过程

1 螺肉切片；猪脊骨砍成块；姜去皮，拍破；虫草花、枸杞子分别洗净。

2 锅内烧水至水开后，放入螺肉、猪脊骨汆去血渍，捞出，洗净。

3 取砂锅，加入螺肉、猪脊骨、虫草花、枸杞子、姜，加入适量清水，用小火煲2小时，调入盐、鸡精即可食用。

M 茅根猪肺汤

　　茅根20克，猪肺200克，姜5克，盐、鸡精各适量。

汤品密语

　　本汤以滋润肺燥、泻火生津为主。其中的茅根有清肺热、泻火生津的功效。而另一食材猪肺，也有补肺润燥的作用。

制作过程

1. 猪肺洗净，切块；茅根、姜分别洗净。

2. 锅内烧水至水开后，放入猪肺汆去血渍，捞出，洗净。

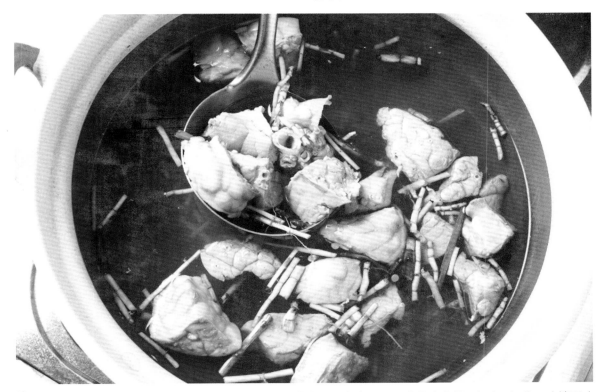

3. 取砂锅，将猪肺、茅根、姜一起放入，加入适量清水，大火烧开后，改用小火煲2小时，加盐、鸡精调味即可食用。

L 灵芝猴头菇炖海斑鱼

准备材料

灵芝30克，猴头菇30克，鸡脚100克，姜5克，葱5克，盐5克，海斑鱼500克，猪瘦肉300克，鸡精5克。

汤品密语

猴头菇是八大山珍之一。其对神经衰弱、消化道溃疡有良好疗效。常吃猴头菇，可以增强抗病能力。

制作过程

1⃣ 灵芝、猴头菇浸清水，分别切片；海斑鱼杀好，斩件；猪瘦肉切粒；葱切段；姜去皮，拍破。

2⃣ 锅内烧水至水开后，将海斑鱼、猪瘦肉、鸡脚放入，用中火煮3分钟，煮净血水后，捞出，用清水冲净。

3⃣ 将猪瘦肉、鸡脚放入炖盅内，再放入海斑鱼、灵芝、猴头菇、姜、葱，加入清水，炖2.5小时，调入盐、鸡精即可食用。

番茄多汁鲜嫩，不仅风味独特，而且营养丰富。因为番茄红素是脂溶性的，生吃吸收率低，若和蛋炒或者做汤则吸收率较高，而且煮出来的汤酸酸甜甜，十分开胃。

番茄肉丝蛋花汤

准备材料

番茄3个，猪肉100克，鸡蛋2个，生姜、盐各适量。

制作过程

1. 番茄斜刀切块；猪肉切片；鸡蛋搅成蛋浆。
2. 生姜片、番茄爆香，加水煮沸，加入肉片，调味，加蛋浆煮一下即可。

这是一款能瘦身的汤。乌梅生津止渴，薏米去湿，荷叶清热解暑，山楂具有开胃助消化的作用，再配合滋补营养的排骨，煲成的汤水不仅具有消暑健胃补益的作用，而且减肥效果也十分不错。夏天来了，爱美的您不妨试试吧！

山楂荷叶排骨汤

准备材料

山楂20克，排骨250克，乌梅2枚，薏米20克，荷叶、盐各适量。

制作过程

1. 排骨洗净，氽水，斩件；山楂、荷叶、乌梅和薏米分别用清水浸透，洗净。
2. 将山楂、排骨、乌梅和薏米放入瓦煲内，加入适量清水，用大火煲至水沸。
3. 加荷叶，中火煲约3小时，加盐调味即可。

汤品密语

本汤中的节瓜具有清热、清暑、解毒、利尿、消肿等功效。选购节瓜时，应以瓜身多毛呈光泽的为好。

F 茯苓瘦肉汤

准备材料

木棉花15克，土茯苓50克，节瓜500克，猪瘦肉300克，陈皮、盐各适量。

制作过程

1. 节瓜刮去表皮、茸毛，洗干净，切成块状；猪瘦肉切块，备用。

2. 木棉花、土茯苓、陈皮分别洗干净，备用。

3. 瓦煲内加入适量清水，先用大火煲至水沸，再放入以上全部材料，改用中火煲1.5小时，加盐调味即可。

汤品密语

高良姜又名南姜、蜜姜，姜科植物，主要产于广东、广西。可与干姜同用，具温胃散寒、消食、理气止痛等功效。若脾胃虚弱而脘腹冷痛者，可用高良姜与人参、白术配伍，以温中止痛。

高良姜胡椒猪肚汤

准备材料

猪肚500克，陈皮8克，高良姜3片，

胡椒12克，盐适量。

制作过程

1. 将胡椒研碎；陈皮去白；高良姜洗净，用刀背压碎。

2. 猪肚先用盐擦洗，腌片刻，再用清水冲洗干净，切片，放入开水锅内煮几分钟，捞起过冷水。

3. 将以上材料放入砂锅内，加清水适量，大火煮沸后，改用小火煲3小时，加盐调味即可。

汤品密语

此款汤水具有补血养心、健脾益气、滋养补虚的功效，特别适宜心血虚少、心悸怔忡、虚烦失眠、营养不良者饮用。汤中的鸽肉滋味鲜美，肉质细嫩，富含粗蛋白质和少量无机盐等营养成分，是不可多得的食品佳肴。

红豆花生乳鸽汤

准备材料

乳鸽1只，红豆50克，花生50克，桂圆肉30克，姜、葱各8克，盐适量。

制作过程

1. 将红豆、桂圆肉、花生洗净浸泡；姜切片，葱切段；乳鸽宰洗干净。

2. 锅内烧水煮沸，放入乳鸽氽5分钟，捞出洗净，放入砂锅中。

3. 将红豆、花生、桂圆肉、姜、葱也放入砂锅，加入适量清水，先用大火煲沸，改小火煲2小时，加盐调味即可。

汤品密语

本汤品微辣，具有开胃、清肠的功效。汤中的辣椒有强烈的局部刺激作用，能增进食欲，促进胃肠道消化功能。

L 辣椒银耳瘦肉汤

准备材料

红辣椒2个，银耳24克，红枣10枚，猪瘦肉500克，盐适量。

制作过程

1. 猪瘦肉汆水后，洗净，切块；银耳浸软，切成小块。
2. 红枣洗净，去核；红辣椒洗净。
3. 将以上材料放进砂锅内加水适量，大火煮沸后，转小火慢煲1小时，加盐调味即可。

汤品密语

本汤品强健身体、止咳祛寒。汤中的小茴香含有特殊香辛气味的茴香油，可以刺激肠胃的神经血管，具有健胃理气的功效。

小茴香芝麻牛肉汤

准备材料

芝麻25克，小茴香15克，牛肉400克，盐适量。

🐌 制作过程

1 芝麻、小茴香分别放入锅内炒香，并研成末；牛肉洗净，切块。

2 将芝麻末与牛肉拌匀，放置2小时后，再放入热油锅内炸片刻，铲起，备用。

3 将牛肉放入砂锅内，加清水适量，大火煮沸后，加盐，改用小火煲1小时，放入小茴香末即可。

汤品密语

本汤口味清淡、微辣，不仅醇香暖心，且具有不一般的食疗效果，常用于脾胃虚寒者。

M 蜜枣胡椒猪肚汤

准备材料

蜜枣5枚，白胡椒15克，猪肚1个，香菜、盐适量。

制作过程

1. 将猪肚切去肥油，用适量盐擦洗一遍，并腌片刻，再用清水冲洗干净，放入热水锅内氽过。

2. 白胡椒、蜜枣分别洗净。

3. 将白胡椒放入猪肚内，用线缝合，与蜜枣一起放入砂锅内，加清水适量，大火煮沸后，改用小火煲2小时，放香菜，加盐调味即可。

汤品密语

本汤特别香浓，回味无穷。喝完汤后，若觉得猪肘味道太清淡，还可以把猪肘取出来切成块，沾些酱料吃，也可以切成片和大蒜炒着吃。

仙附猪肘汤

准备材料

猪肘350克，胡萝卜100克，附子片15克，仙茅根15克，枸杞子、生姜、盐、料酒各适量。

制作过程

1. 猪肘洗净；仙茅根洗净，切段；胡萝卜去皮切块。
2. 把猪肘放热水中氽烫后，斩件。
3. 所有的材料都放锅中，加水，小火煮2小时即可。

汤品密语

本汤烹饪时，要注意，因为冬菜本身就味咸，所以调味的时候要先尝一下，如果咸度不够再放盐。

D 冬菜肉饼汤

准备材料

猪瘦肉300克，黄豆芽100克，冬菜50克，清汤3碗，鸡蛋1个，米粉20克，盐、生姜末、胡椒粉、料酒各适量。

制作过程

1. 把猪瘦肉切成碎末，放碗内加入鸡蛋和盐、生姜末、料酒、胡椒粉，下米粉和清汤半杯，调匀腌片刻，待汤汁全部被肉末吸收，成肉饼为止。

2. 把黄豆芽与冬菜同放入较深的平底碗中，加余下的清汤，并将肉饼铺在上面,上蒸锅内蒸熟即可。

黄豆，中国古称菽，不仅可以营养肌肤、毛发，还具有补脾益气、消热解毒的功效，是食疗佳品。

R 肉丁黄豆汤

准备材料

猪瘦肉200克，嫩黄豆150克，清汤500毫升，雪菜梗50克，食用油、葱末、生姜末、味精、酱油、盐、香油各适量。

制作过程

1. 将猪瘦肉洗净，切成小丁。

2. 雪菜梗洗净，切成长段。

3. 炒锅置大火上，加入食用油烧至五成热，用葱末、生姜末炝锅，加入猪肉丁煸炒至熟，再加入酱油、雪菜段、嫩黄豆略炒。

4. 加入清汤、盐、味精煮沸，用勺撇去汤面浮沫，改用小火炖20分钟，最后淋入香油即可。

汤品密语

人参自古被誉为"百草之王",也是"滋阴补生,扶正固本"之极品。人参与排骨共炖,不仅营养丰富,而且味道上更加鲜美,深受广大食客喜爱。

R 人参排骨汤

准备材料

排骨200克,人参10克,银耳20克,枸杞子、生姜、盐各适量。

制作过程

1. 排骨洗净,斩件;人参过水;银耳、枸杞子浸泡;生姜去皮,切片。

2. 排骨放热水锅中汆烫,捞出。

3. 所有材料放砂锅内,加水煮沸,转小火煮1小时即可。

汤品密语

本汤深受大众喜爱，尤其在对牛腩和牛筋情有独钟的广东更是一种家常养生汤。用杂菜煲牛腩和牛筋清润可口，能通利肠胃、解热除烦，有助消化、降火、消燥热的功效。

Z 杂菜牛腩牛筋汤

准备材料

杂菜500克，牛腩、牛筋、猪脊骨、猪肉各100克，老姜、盐、鸡精各适量。

制作过程

1. 猪脊骨、猪肉、牛腩、牛筋斩件，杂菜洗净。

2. 热锅烧水至沸，下牛筋、牛腩、猪脊骨、猪肉，去表面的血渍后，倒出洗净。

3. 砂锅放猪脊骨、猪肉、牛腩、牛筋、杂菜、老姜，加水烧开，煲2小时后，调入盐、鸡精即可。

汤品密语

炖汤时，把椰子顶部剖开1/3，倒出椰汁，就成为盛入其他食材的椰盅了。

ㄚ 椰盅鸡球汤

准备材料

椰子1个，鸡脯肉200克，莲子50克，白果仁10克，藕粉25克，鲜牛奶、盐、生姜片、料酒、鸡汤、食用油各适量。

制作过程

1. 鸡脯肉去筋络，洗净剁碎，加入藕粉、盐搅匀，挤成小丸子。
2. 莲子、白果仁洗净，下油锅炒至半熟；鸡汤加盐、生姜片、料酒煮一下待用。
3. 椰子顶部剖开，倒出椰汁，放入鸡球、莲子、白果仁、鸡汤、牛奶。把剖下的椰子顶部当盖，将其封盖，入锅中，在火上隔水炖至鸡球熟透即可。

汤品密语

黄花菜，又名金针菜，有平肝利尿、消肿止血的功效；木耳质地柔软，口感细嫩，味道鲜美，是一种营养丰富的著名食用菌；鸡蛋滋阴补血，益智健脑，适用于身体虚弱、神经衰弱等症。经常用脑的人们经常食用这款汤，对身体大有好处。

H 黄花菜木耳鸡蛋汤

准备材料

黄花菜100克，鸡蛋3个，黑木耳30克，盐、味精、料酒、大葱、生姜、食用油、清汤各适量。

制作过程

1. 黄花菜水洗，用温水泡2小时，挤干水从中间切断；黑木耳泡发撕成片；葱、生姜切丝；将鸡蛋加适量盐、味精、料酒，搅打均匀。

2. 锅置火上烧热，下食用油烧至六成热，把鸡蛋打入炒熟倒入汤盆中。

3. 锅内留油适量，烧热，投入葱、生姜丝煸炒几下，倒入黄花菜、黑木耳，加适量料酒、盐及清汤，煮沸倒入汤盆即可。

汤品密语

本汤可清热利水、祛湿消散、滋补五脏。绿豆有消肿下气、清热解毒、消暑解渴之功；土茯苓解毒散结，祛风通络，有利水渗湿、健脾调中之效。老鸭加上土茯苓和绿豆，既有药用功效，更能滋补身体。

绿豆茯苓老鸭汤

准备材料

绿豆200克，老鸭1只，土茯苓40克，生姜、香油、盐各适量。

制作过程

1. 老鸭剖洗干净，去除内脏；绿豆、土茯苓、生姜分别洗干净。

2. 绿豆连同老鸭、土茯苓、生姜片一起放入瓦煲，加适量清水煮4小时。

3. 加盐，淋上香油调味即可。

汤品密语

平常我们完全可以把阿胶、鹿茸作为"营养佐料"加入日常饮食，只要掌握好每天每人的量即可。诸如体质好些的可以少放点，体质不好的可以多放点。

E 阿胶鹿茸鸡汤

准备材料

阿胶10克，桂圆5克，鹿茸3克，鸡项1只，山药10克，香油、盐各适量。

制作过程

1. 山药、桂圆分别洗净；阿胶敲碎；鸡项洗净，去皮，切成中块，沥干水分。

2. 上述材料一同放入炖盅，倒进1500毫升沸水，盖上盅盖，隔水慢炖，待锅内水沸后，先用大火炖1小时，再用小火炖1.5小时。

3. 拣去山药不要，然后，加香油、盐调味即可。

汤品密语

枸杞是一种众所周知的滋补调养和抗衰老的保健食品。中医很早就有"枸杞养生"的说法，认为常吃枸杞子能"坚筋骨，耐寒暑"。

G枸杞子黄芪乳鸽汤

准备材料

乳鸽1只，猪瘦肉150克，枸杞子、黄芪各15克，生姜1片，盐适量。

制作过程

1. 枸杞子、黄芪分别洗净；乳鸽切去脚；猪瘦肉切丁。

2. 猪瘦肉同乳鸽一起入沸水，煮5分钟，捞起洗净。

3. 锅内加清水煮沸，下黄芪、枸杞子、生姜、猪瘦肉、乳鸽煮沸，小火再炖3小时，放盐调味。

汤品密语

　　如果您最近热气重，还长了几颗讨厌的"青春痘"，那么这款汤就非常适合您了。因为，此汤中的金银花可清热解毒，透表清瘟，使肌肤透气性良好；而汤中的另一食材水鸭有除虫、消肿，治疗热毒及恶疮疖的功效。这些都会帮助你消暑祛痘的。

熟地水鸭汤

准备材料

　　水鸭1只，猪瘦肉100克，金银花15克，熟地黄10克，盐适量。

制作过程

1. 水鸭杀好洗净，猪瘦肉洗净，均切块留用。
2. 将水鸭、猪瘦肉连同药材一起放入煲中，加清水适量，煮约4小时。
3. 加盐调味即可。

汤品密语

西洋参益气养阴，补而不燥；麦冬养阴安神；黑枣健脾益养心血；乌鸡补血养心。本汤益气养血，宁心安神。但因乌鸡易滞邪留邪，故外感发热、实热、阴虚火旺者慎用。

参麦黑枣乌鸡汤

准备材料

西洋参10克，麦冬20克，黑枣10枚，乌鸡1只，生姜2片，盐5克。

制作过程

1. 西洋参洗净，捣碎或切片；麦冬洗净；黑枣去核，洗净。

2. 乌鸡去毛、头、内脏、脂肪，洗净，斩大件，氽水。

3. 将以上主料置炖盅内，注入沸水适量，加盖隔水炖3小时，加盐调味。

汤品密语

本汤可补中益气，补血生津。烹饪时，尽量用老鸭，因为荔枝吃多了比较容易上火，而老鸭性凉，可解热，正好可以中和。若用的是嫩鸭，则解热效果不及老鸭，因为嫩鸭性温热燥。

L 荔枝干贝老鸭汤

准备材料

鸭1只，鲜荔枝200克（或干荔枝50克），干贝25克，陈皮6克，盐适量。

制作过程

1. 荔枝去壳去核，陈皮刮白；干贝用清水浸1小时。
2. 鸭切去脚、鸭尾，如忌肥油可撕去一部分鸭皮，洗净放入开水中煮10分钟，取起洗净。
3. 煲内放水和陈皮煮沸，放入鸭、干贝、荔枝肉煲开，小火煲3小时，放盐调味。

汤品密语

因苋菜叶有粉绿色、红色、暗紫色或带紫斑色，故古人分白苋、赤苋、紫苋、五色苋等数种。但不管是哪种，其都富含脂肪、糖类及多种维生素和矿物质，可为人体提供丰富的营养物质，有利于强身健体，提高机体的免疫力。

Z 紫苋芙蓉蛋汤

准备材料

紫苋菜500克，水发虾米20克，鸡蛋2个，黑木耳30克，肉汤400毫升，食用油、葱、蒜、盐各适量。

制作过程

1. 将紫苋菜洗净切段，放开水中汆一下，捞出沥干备用。

2. 把泡好的虾米切碎；黑木耳择洗干净；蒜切成泥。

3. 鸡蛋打入碗中，加适量盐，搅拌均匀备用。

4. 炒锅放油烧热后，下蒜泥，爆香后，下入虾米末、黑木耳，翻炒两下，加入肉汤。汤开后，淋入鸡蛋液，待蛋液成型，下入汆过的苋菜，汤刚开时，加盐调味即可。

汤品密语

石参有清热解毒、止血、消痛之功效。用石参根作汤料，风味独特，甘醇清香，令人食后回味无穷，常饮可缓解劳累过度、腰腿酸痛等。

石参根土鸡汤

准备材料

土鸡300克，猪脊骨100克，石参根20克，桂圆肉20克，黑豆50克，生姜10克，盐6克，鸡精3克。

制作过程

1. 将土鸡斩成块；猪脊骨斩成块；石参根用温水泡透；生姜去皮，切片。

2. 锅内烧水，待水沸后，投入土鸡、猪脊骨，用中火氽水，去净血渍，捞起待用。

3. 取瓦煲一个，加入土鸡、猪脊骨、石参根、桂圆肉、黑豆、生姜，注入适量清水，用小火煲约2小时，然后，调入盐、鸡精即可食用。

汤品密语

　　本汤宁心安神、养血润肤、安睡、滋养阴血。若经常失眠、心惊、皮肤干燥、大便稀溏，可用本汤作调理。在炎热的夏天，若莫名感觉烦躁，没有胃口，来一碗此汤，能让人感觉清爽很多。

G 桂圆莲子鸡蛋汤

准备材料

莲子50克，桂圆15克，红枣4枚，鸡蛋2个，生姜片、盐各适量。

制作过程

1. 桂圆、生姜分别洗净；莲子洗净，去芯，保留红棕色莲子衣；红枣洗净，去核。
2. 鸡蛋隔水蒸熟，去壳，洗净。
3. 瓦煲内加适量清水，先用大火煲至水沸，放入上述材料，改用小火煲2小时，加盐调味即可。

花椒是一款家喻户晓的食用香料，在烹调的时候，加上几粒花椒，能帮助提味，增加人的食欲。茄根味甘性平，能祛风散寒，止痛。花椒、茄根和乌鸡一起炖制，可有补益脾气、滋养五脏、祛风散寒、除湿驱痹等功效。

H 花椒茄根乌鸡汤

准备材料

花椒15粒，鲜茄根50克，生姜块15克，乌鸡1只，料酒20毫升，葱白3根，盐适量。

制作过程

1. 将乌鸡去毛和内脏，斩去脚爪、嘴尖和尾部，洗净；将茄根洗净，用锅煎取汁300毫升。

2. 将乌鸡放入炖锅内，煮沸，去血沫，加生姜块、葱白、花椒、料酒炖制。

3. 将茄根汁澄清后，倒入鸡汤里，炖至骨肉分离时，拣去生姜、花椒、葱白，加味即可。

汤品密语

　　干贝，在南方被称为瑶柱，味道极鲜，含丰富的谷氨酸钠，具有滋阴补肾、和胃调中功能，能缓解头晕目眩、咽干口渴、虚痨咯血、脾胃虚弱等症，常食有助于降血压、降胆固醇、补益健身。

Ｚ 紫菜干贝蛋清汤

准备材料

　　紫菜200克，干贝50克，鸡蛋2个，生姜、盐各适量。

制作过程

1. 干贝入水煮出味道，加入生姜片及泡好的紫菜。

2. 煮沸加入蛋清，加盐搅拌均匀即可。

汤品密语

虾是一种蛋白质非常丰富、营养价值很高的食物，其中维生素A、胡萝卜素和无机盐含量比较高，而脂肪含量不但低，且多为不饱和脂肪酸。其肉质细嫩，容易消化吸收，尤其适合儿童食用。

虾丸蘑菇汤

准备材料

鲜蘑菇250克，虾仁150克，生菜150克，姜、料酒、盐、味精、鲜汤各适量。

制作过程

1. 鲜蘑菇洗净，入沸水锅中焯透沥水，切成丁；生菜切段；虾仁洗净剁成虾蓉，放入碗内，加水、料酒、盐搅匀成虾仁馅料。

2. 在砂锅内放入大半锅水，将虾仁馅挤成丸子放入锅内，用小火慢慢煮熟，然后用漏勺捞出。

3. 砂锅上火，倒入鲜汤，下蘑菇丁、料酒、盐、绿菜叶、味精，烧沸，再下虾仁丸子，待再沸时，盛入大汤碗即成。

汤品密语

因丝瓜的味道清甜，所以烹煮时，不宜加酱油和豆瓣酱等口味较重的酱料，以免抢味。本汤鲜香味美，所用食材都是比较鲜的，建议可以不用鸡精类调味品，尽量保持原汁原味，这样煮出来的汤更鲜美。

丝瓜鲜菇鱼尾汤

准备材料

草鱼尾300克，丝瓜250克，鲜菇150克，生姜2片，葱、盐、食用油各适量。

制作过程

1. 丝瓜刨去皮，洗净，切角形；鲜菇洗净，每个都切开边；草鱼尾洗净，沥干水，用适量盐腌15分钟。

2. 油入锅烧热，放葱、生姜烧热，注水煮沸，放鲜菇煮3分钟，捞起，清水洗过，沥干。

3. 锅中加水适量煮沸，放入草鱼尾煮15分钟，放丝瓜、鲜菇煮熟，放盐调味，再将汤面之油除去即可。

鱼头是人们常吃的食品之一，比如鲢鱼头、草鱼头等。虽然鱼头的肉不多，但其富有营养，所含有的蛋白质和氨基酸、维生素和大量微元素，对补五脏、健脑益智都有很好的效果。

三色鱼头汤

准备材料

鲜鱼头1个，白豆腐50克，胡萝卜20克，香菇10克，生姜、葱各5克，清汤、料酒、食用油、盐、味精、胡椒粉各适量。

制作过程

1. 鱼头去净鳃、鳞，斩成块；香菇去蒂；胡萝卜去皮，切片。

2. 白豆腐切块；生姜去皮，切片；葱切段。

3. 锅内加油，放入生姜片、鱼头，小火煎至稍黄，烹入料酒，注入清汤，中火煮沸。

4. 待煮至汤白，加香菇、胡萝卜、白豆腐，调入盐、味精、胡椒粉、葱段，3分钟后，起锅盛入汤碗内即可食用。

汤品密语

做三鲜汤在各个地方用的食材都会有点不同，但不管用什么样的食材搭配，其做法都是一样的，味道也都以鲜为主。本汤主要用了海鲜产品，再搭配黄瓜和番茄，味道更是鲜得让人闻着就流口水。

三鲜汤

准备材料

水发鱿鱼、虾仁、黄瓜各50克，番茄2片，清汤500毫升，料酒10毫升，生姜丝、淀粉10克，盐、味精、鸡蛋清各适量。

制作过程

1. 鱿鱼洗净，切花；虾仁洗净，去肠泥，控干水分，放入适量盐、蛋清、料酒、淀粉拌匀上浆；黄瓜洗净，切片。

2. 上浆后的虾仁、鱿鱼、黄瓜片分别放入沸水中汆熟，捞出放入汤碗中，放入番茄备用。

3. 锅中倒入清汤，放料酒、生姜丝、盐，煮沸后，放入味精，浇在汤碗内即可。

汤品密语

蛤蜊，人称"天下第一鲜"，其肉质鲜美无比，而且营养也比较全面，是一种低热能、高蛋白、少脂肪的海产品。用蛤蜊做汤，一种非常家常的烹饪方法，不仅操作简单，而且味鲜诱人。

豆芽蛤蜊瓜皮汤

准备材料

蛤蜊肉（鲜）250克，绿豆芽500克，豆腐200克，冬瓜1000克，食用油、酱油、盐、味精各适量。

制作过程

1. 绿豆芽择洗干净，备用。

2. 冬瓜、蛤蜊肉分别洗净，放入锅内，加清水适量，大火煮沸后，小火煲30分钟。

3. 豆腐下油锅稍煎香，与绿豆芽一起放入冬瓜汤内，煮沸后，加入酱油、味精、盐调味即可。

汤品密语

本汤色泽明亮，鲜咸微辣，味美可口。但吃鳝鱼要注意必须煮熟，因为鳝鱼的血液有毒，但毒素不耐热，能被胃液和加热所破坏，只要煮熟食用就不会中毒。

黄鳝辣汤

准备材料

黄鳝肉50克，鸡肉50克，鸡蛋1个，面筋15克，水淀粉、胡椒粉、味精、酱油、陈醋、生姜、葱花、香油、盐、鸡汤各适量。

制作过程

1. 将黄鳝肉洗净，切成丝；鸡肉切成丝；面筋切成条；生姜切成丝；鸡蛋打入碗中搅匀。

2. 锅中放入鸡汤，煮沸，放入黄鳝丝、鸡丝、面筋条，加入酱油、陈醋、生姜丝、盐，煮沸后，打入鸡蛋成花，加入水淀粉勾芡。

3. 加上胡椒粉、味精、香油、葱花即可。

汤品密语

鱿鱼，也称"柔鱼"，在台湾也称为"枪乌贼"，其营养价值很高，除了富含蛋白质及人体所需的氨基酸外，还含有大量牛磺酸。本汤味鲜无比，鱿鱼肉质鲜嫩，味美多汁，为家庭汤类中的上品。

三鲜鱿鱼汤

准备材料

鱿鱼150克，猪里脊肉50克，菜薹100克，葱、生姜各5克，食用油、碱水、清汤、料酒、胡椒粉、盐、味精各适量。

制作过程

1. 鱿鱼用碱水泡发，洗净，切片。

2. 菜薹洗净；猪里脊肉切片；葱洗净，切片；生姜洗净，切片。

3. 炒锅置大火上，加油，放入葱、生姜煸炒出香味，放入炖盅，然后加汤、鱿鱼、猪里脊肉片、料酒，煮沸后，撇去浮沫，炖30分钟，再加菜薹、盐、味精、胡椒粉，待沸后即可。

汤品密语

　　鲍鱼是一种营养价值极为丰富的海产品，但由于现在一些海水被污染了，再加本身也比较脏，所以烹调前一定要清洗干净。鲜鲍鱼在清洁处理后，一般不需刻意烹调，就可得到一款美味汤。

L 灵芝丹参鲍鱼汤

准备材料

　　灵芝15克，丹参15克，红枣10枚，鲜鲍鱼500克，生姜、葱、料酒、胡椒粉、盐各适量。

制作过程

1. 灵芝润透，切片；丹参加水2500毫升，煎至1000毫升，去渣取汁；红枣洗净，去核。
2. 鲍鱼去壳，洗净，在鲍鱼肉的表面切刀花。
3. 将丹参汁、灵芝、红枣、鲍鱼、生姜、葱、料酒一同放入炖盅，加水适量，隔水炖2小时，加胡椒粉、盐调味即可。

汤品密语

鱼丸是一款非常受人喜爱的食品，不管蒸、煮、炸都非常好吃。本汤用鱼丸和菊花、菠菜等一起煮制，既养生又好喝。汤品中的白菊如果经常服用的话，还能起到抗炎强身的作用。

花瓣鱼丸汤

准备材料

鲜鱼肉200克，白菊花瓣25克，鸡蛋清50毫升，菠菜叶150克，盐、食用油、鸡汤、料酒、胡椒粉、淀粉、香油、葱、生姜各适量。

制作过程

1. 将菊花瓣、菠菜叶分别洗净；葱切段；生姜切片；鲜鱼肉剁成鱼泥放入盆内，加入盐、胡椒粉、蛋清搅匀成糊状待用。

2. 锅烧热加水，把鱼泥挤成丸子入锅，待水煮沸，捞出备用。

3. 炒锅烧热，加油，放入葱、生姜煸炒，捞出，加入鸡汤、胡椒粉、料酒，勾芡，再将鱼丸、菠菜叶、菊花瓣放入，然后，用盐调味即可。

汤品密语

本汤在广东地区，几乎很多甜品店或者粤菜餐馆都有。用红枣、莲子炖雪蛤膏来滋补可是非常不错的哦，但因雪蛤膏不能多吃，所以建议还是一周最多炖一次吧。

枣莲炖雪蛤膏

准备材料

去核红枣20克，干莲子10克，雪蛤膏3克，冰糖100克，生姜2片。

制作过程

1. 雪蛤膏用清水浸泡5小时，和生姜片一起放沸水中略煮片刻，捞起，去生姜待用；莲子用热水浸软后，去掉莲芯。
2. 将所有材料同放炖盅内，注水，用中火炖1小时即可。

汤品密语

木棉花和鸡蛋花都是广东的特产。在广州，食用鸡蛋花茶是一种很好的饭后休闲方式，鸡蛋花茶由此也成了广州五大花茶之一。其味道淡雅、甘甜，非常适合夏季饮用，可以很好地解暑降热。

M 木棉花鸡蛋汤

准备材料

鸡蛋花50克，木棉花50克，鸡蛋2个，糖适量。

制作过程

1. 木棉花、鸡蛋花分别用水浸洗；鸡蛋煮熟去壳。
2. 将鸡蛋花、木棉花、鸡蛋放入煲中，加水煮沸。
3. 中火煲1小时，下糖调味即可。

煲此汤的时候，注意要用中小火煲哦，这样煲出来的黑豆不会开花，但仍保持酥烂口感。若在夏天喝此汤，可以放冰箱冰镇一下，冰镇后的汤更爽口。

H 红枣黑豆奶汤

准备材料

红枣8枚，黑豆80克，鲜奶100毫升，糖100克。

制作过程

1. 黑豆炒香，放入清水中浸15分钟，捞出；红枣去核，洗净，切碎待用。

2. 红枣、黑豆同1200毫升清水一起放入锅中，用中火煲1小时。

3. 倒入鲜奶煮至微沸，加入糖拌匀即可。

图书在版编目（CIP）数据

我的汤品屋 / 犀文图书编著 . — 天津：天津科技翻译出
版有限公司，2015.9
 ISBN 978-7-5433-3504-2

 Ⅰ.①我… Ⅱ.①犀… Ⅲ.①汤菜－菜谱 Ⅳ.① TS972.122

 中国版本图书馆 CIP 数据核字 (2015) 第 110662 号

出　　　版：天津科技翻译出版有限公司
出 版 人：刘　庆
地　　　址：天津市南开区白堤路 244 号
邮政编码：300192
电　　　话：（022）87894896
传　　　真：（022）87895650
网　　　址：www.tsttpc.com
印　　　刷：北京画中画印刷有限公司
发　　　行：全国新华书店
版本记录：787×1092　16 开本　10 印张　220 千字
　　　　　2015 年 9 月第 1 版　2015 年 9 月第 1 次印刷
　　　　　定价：32.80 元

（如发现印装问题，可与出版社调换）